普通高等教育"十一五"国家级规划教材

园艺植物栽培学实验指导

（第2版）

范双喜　张玉星　主编

中国农业大学出版社
·北京·

内容简介

本书为普通高等教育“十一五”国家级规划教材。全书共36个实验，主要包括园艺植物分类、生长发育分析；园艺植物的育苗、繁殖、肥水管理、植株调整、采收分级及园艺无土栽培技术等；种植园的规划设计、园艺设施结构与性能分析及园艺植物产品质量评价等内容。

本书是为高等农林院校园艺专业编写的本科用教材，也可作为相关专业教学参考书或教材。

图书在版编目(CIP)数据

园艺植物栽培学实验指导/范双喜，张玉星主编. —2版. —北京：中国农业大学出版社，2011.6(2022.7重印)

ISBN 978-7-5655-0287-3

Ⅰ.①园… Ⅱ.①范… ②张… Ⅲ.①园林植物-栽培学-实验-高等学校-教材 Ⅳ.①S6-33

中国版本图书馆CIP数据核字(2011)第089383号

书　名　园艺植物栽培学实验指导(第2版)
作　者　范双喜　张玉星　主编

策划编辑　张秀环　　责任编辑　韩元凤
封面设计　郑　川　　责任校对　王晓凤　陈　莹
出版发行　中国农业大学出版社
社　址　北京市海淀区圆明园西路2号　　邮政编码　100193
电　话　发行部 010-62818525,8625　　读者服务部 010-62732336
编辑部 010-62732617,2618　　出　版　部 010-62733440
网　址　http://www.cau.edu.cn/caup　　E-mail　cbsszs@cau.edu.cn
经　销　新华书店
印　刷　涿州市星河印刷有限公司
版　次　2011年6月第2版　2022年7月第6次印刷
规　格　787×980　16开本　9.75印张　177千字
定　价　29.80元

第 2 版编写人员

主　　编　范双喜（北京农学院）

张玉星（河北农业大学）

副 主 编　杨　暹（华南农业大学）

曾　丽（上海交通大学）

编　　者（按姓氏笔画排序）

兰海波（河北农业大学）　朱元娣（中国农业大学）

刘海涛（华南农业大学）　许建锋（河北农业大学）

李汉霞（华中农业大学）　李国怀（华中农业大学）

李政红（河北农业大学）　杨　暹（华南农业大学）

肖建忠（河北农业大学）　宋尚伟（河南农业大学）

张玉星（河北农业大学）　张江红（河北农业大学）

武占会（河北农业大学）　范双喜（北京农学院）

赵　飞（山东农业大学）　侯雷平（山西农业大学）

彭福田（山东农业大学）　董清华（北京农学院）

韩莹琰（北京农学院）　曾　丽（上海交通大学）

魏　珉（山东农业大学）

第 1 版编写人员

主　　编　范双喜（北京农学院）

　　　　　张玉星（河北农业大学）

编　　者（按姓氏笔画排序）

王国英（河北农业大学）　田志喜（河北农业大学）

朱元娣（中国农业大学）　刘海涛（华南农业大学）

刘朝贵（西南大学）　李汉霞（华中农业大学）

李国怀（华中农业大学）　肖建忠（河北农业大学）

宋尚伟（河南农业大学）　张玉星（河北农业大学）

武占会（河北农业大学）　范双喜（北京农学院）

胡青霞（河南农业大学）　赵　飞（山东农业大学）

侯雷平（山西农业大学）　彭福田（山东农业大学）

董清华（北京农学院）　魏　珉（山东农业大学）

主　　审　李光晨（中国农业大学）

第 2 版前言

面向 21 世纪课程教材《园艺植物栽培学实验指导》自 2001 年出版以来，被众多高等农业院校选用，至今已 10 年了。近年来，随着园艺产业在国民经济发展中的地位不断提高，园艺科学研究不断深入，新技术、新成果在生产上不断应用，要求教材不断适时更新完善，以更好地满足人才培养需求。因此，本教材第 1 版亟待补充和修编。

在修编《园艺植物栽培学实验指导》教材之前，我们广泛征集了第 1 版教材使用院校有关教师和学生的意见和建议，组织相关院校教师认真研讨，深入研究，确定修订框架，精心完成修订计划。本教材修订原则为：厚基础，强实践，重应用。密切联系园艺生产实际，学以致用，着力培养学生运用基本理论和基础知识分析和解决问题的能力。

本教材主要修订内容为：增加了果树树种识别、果园施肥技术与方法、果实套袋技术、园艺植物穴盘育苗技术、花卉花期调控技术等内容，丰富了园艺植物育苗关键技术，特别增加了旨在提高园艺产品品质、营养、风味和商品性等的相关技术内容；删除了果树枝芽特性观察、园艺植物无土栽培种类与应用、园艺植物无公害绿色产品生产规程制定与实施等认知性、单一性和可操作性不强的实验内容。在基本保持原有教材体系的基础上，有增有减，结构紧凑，较好地保证了基本理论的传授与实验操作、实践能力的培养有机融合，互为促进。

《园艺植物栽培学实验指导》第 2 版教材既注重知识的连贯性、整体性，又体现知识与技术发展的前瞻性，及时加入园艺科学发展的新技术、新成果。在简述实验目的、普遍原理的同时，侧重实验内容的设计和实验步骤的可操作性，并充分考虑我国不同地区园艺产业种植结构、气候变化、生产习惯与技术水平等的差异，在实验教学内容安排上既阐述共性问题，又各有侧重，为各农业院校结合当地实际，有的放矢地选择、调整实验内容，有针对性地开展分类分层教学提供了可能。本教材力求突出教师主导和学生主体作用，在教师指导下，学生自主设计、操作、分析实验结果，同一实验，不同学生可以方法不同，材料不同，实验结果不同，在提高实验操作能力的基础上，重在培养综合运用知识分析问题和解决问题的能力。

教材修订过程中对修编人员做了部分调整，并增设了副主编。参加本书修编的有中国农业大学朱元娣；北京农学院范双喜、董清华、韩莹琰；河北农业大学张玉星、张江红、兰海波、许建锋、李政红、肖建忠、武占会;上海交通大学曾丽;华南农业大学杨暹、刘海涛;华中农业大学李汉霞、李国怀;山东农业大学赵飞、彭福田、魏珉;山西农业大学侯雷平;河南农业大学宋尚伟等 9 所院校 21 位教师,主编范双喜、张玉星共同撰写前言,并负责全书修订统稿工作。

教材编写得到了北京市属高等学校人才强教深化计划项目——蔬菜优质安全生产理论与技术体系创新研究(PHR200907136)资助,各参编院校和中国农业大学出版社给予大力支持与合作,在此一并致谢。本教材被审批为普通高等教育"十一五"国家级规划教材,这是对我们工作的肯定和鞭策。但由于本书覆盖面广,涉及学科多,编写难度大,虽经编者协同努力,但因水平所限,书中不妥之处在所难免,恳请读者提出宝贵意见和建议,以便修改。

编著者

2011 年 3 月

第1版前言

为适应21世纪国民经济和社会发展对高素质、复合型专门人才的需求，按照夯实基础，拓宽专业口径的指导原则，国家教育部于1998年将原有果树、蔬菜和观赏园艺专业合并为园艺专业。经专家反复论证，由李光晨、范双喜二位同志主编的面向21世纪课程教材《园艺植物栽培学》已由中国农业大学出版社出版。按照宽专业，厚基础，重应用的教育改革方向，在引导学生全面掌握园艺植物栽培基本原理和新技术的基础上，着力培养其运用知识分析和解决问题的能力，配合《园艺植物栽培学》教材，我们组织了有关高等农业院校通力协作，编写《园艺植物栽培学实验指导书》一书，是国家教育部面向21世纪教学内容和课程体系改革04-13项目研究成果。本书突出以下特色：

(1)注重理论与实践的结合。我国园艺学科的栽培学教材一直按果树、蔬菜、观赏园艺独立编写，相应实验指导也划分过细，知识面过窄，在技术应用上有很大的局限性。本教材紧紧抓住园艺植物的共性和内在联系，突出园艺植物的栽培(即生产性)特性，使学生将理论与生产实际结合起来，灵活运用基本原理和方法，起到触类旁通、举一反三的作用。如果树修剪、蔬菜植株调整和观赏园艺植物整形，有异曲同工之处，在掌握基本原理的基础上，因植物种类不同而灵活应用。

(2)注重学生创新意识和创新能力的培养是本指导书的根本出发点，也是其突出特色。以往果树、蔬菜、花卉的栽培学实验指导注重知识传授，实验内容、操作步骤编得过细，讲求统一步调，学生按部就班操作，方法步骤相同，实验结果一致，难以充分发挥学生灵活思维的能动性，造成过分依赖实验指导书的被动局面。对此本实验指导力求简明扼要，在阐述基本原理的基础上，引导学生主动思维，同一实验，不同学生可以方法不同，材料不同，实验结果不同，在提高实验操作能力的基础上，重在培养综合运用知识，分析问题和解决问题的能力。

(3)以园艺植物生长发育规律为主体，以园艺植物优质高效生产为目标，重在栽培新技术应用。因此，本实验指导书针对园艺植物内容复杂，种类繁多，生育规律各异等特点，归类重点分析，使基本理论和技术应用比例适中，层次分明。

(4)近年来随着生物生命科学技术的迅速发展，也为园艺栽培学注入了新的内容。原有果树、蔬菜、观赏园艺实验中部分内容显得比较陈旧。本着解放思想、求实创新的精神，我们采取了积极而又慎重的态度，既注重知识的连贯性、整体性，又体现知识与技术发展的前瞻性，适当加入了新技术、新成果。如对设施果树生产、园艺植物无土栽培、无公害绿色园艺食品生产等近年来发展较快，在21世纪技术创新中具有广阔前景的技术和内容进行了增补。

本实验指导书是有关教师在长期担任园艺植物栽培学教学过程中结合研究成果与学生反馈意见，广泛听取和收集各方面的建议，加以修订，反复研究成稿的。因此，能较好地保证基础知识、基本理论的传授与实验操作及实践能力的培养有机融合，互为补充，减少了验证性实验，增加了综合性及设计性实验。

需要说明的是，为主动适应社会主义市场经济体制和现代化农业面向21世纪发展所需，培养高素质、重应用、创新能力较强的复合型人才，我们加大了实验实践学习的力度，比较全面而客观地反映了《园艺植物栽培学》教材的技术体系。同时考虑到我国南北地区差异，经济发达与欠发达地区农业种植结构差异，不同地区生产习惯与技术水平差异，因而实验实践教学内容各有侧重，也为各农业院校有选择地讲授提供了保证。总之，根据自身具体情况，可有选择地进行实验内容的调整，以达到提高教学质量，加强学生实践能力的培养之目的。参加本书撰写的有河北农业大学张玉星、王国英、田志喜、肖建忠、武占会老师；北京农学院范双喜、董清华老师；山东农业大学赵飞、彭福田、魏珉老师；华中农业大学李汉霞、李国怀老师；河南农业大学宋尚伟、胡青霞老师；华南农业大学刘海涛老师；中国农业大学朱元娣老师；西南农业大学刘朝贵老师；山西农业大学侯雷平老师。由中国农业大学李光晨教授主审。

本书由于覆盖面广，涉及学科多，技术发展快，编写难度较大，虽经编著者共同努力，但因水平所限，书中讹误及不妥之处在所难免，衷心期望使用本教材的师生及读者提出宝贵意见，以便修订。

编　者

2001年1月

目　　录

实验一　主要果树果实构造及分类方法

一、实验目的

通过对市场销售果品的解剖学观察，了解主要果树果实的构造及其与花器官各部分发育的关系，掌握以果实构造特征为指标的果树分类方法。

二、实验原理

在果实发育过程中，有些果实完全由子房发育而成，称为“真果”；有些果实除了子房外，还有花托、花萼、花冠，甚至整个花序都参与果实形成与发育，称为“假果”。根据参与果实形成的是单花或花序，又将果实分为单果、聚合果或聚花果三大类。“单果”是由一朵花的一个雌蕊形成的果实，子房上(周)位花形成真果，子房(半)下位花形成假果。“聚合果”是一朵花中许多离生单雌蕊聚集生长在花托上，并与花托共同形成的果实，如悬钩子和草莓。“聚花果”则是由整个花序发育成的果实，如桑葚、凤梨和无花果。聚合果和聚花果多是假果。根据果实成熟时果皮是否肉质化，将果实分为肉果和干果两大类。“肉果”成熟时果皮肉质化，果肉肥厚多汁，根据可食用部位分为仁果、核果、柑果、浆果和荔枝果。“干果”果实成熟时果皮干燥，果皮裂开或不裂开，食用的部分是种子。

果树分类方法很多，根据果实形态构造和利用特征，主要分为仁果类、核果类、浆果类、柑果类、荔枝果类、聚复果类、坚果类、荚果类果树。

仁果类果树：这类果树属于蔷薇科植物，果实称为仁果或梨果。由下位子房的复雌蕊形成假果，花托肉质化并与果皮愈合，外果皮、中果皮肉质化而无明显的界限，内果皮革质。心皮形成果心，内含多粒种子，食用部分是肉质化的花托，如苹果、梨、山楂和枇杷等。

核果类果树：这类果树的果实是真果，由子房发育而成，有明显的外、中、内三层果皮。外果皮薄；中果皮肉质，是食用部分；内果皮木质化，成为坚硬的核。如蔷薇科的桃、李、杏、樱桃、梅，漆树科的芒果等。

浆果类果树：浆果是由子房或子房与其他花器官一起发育而成的真果或假

果，果皮肉质化，果实多汁液，包含许多果树种类。如葡萄、柿、杨桃、人心果、猕猴桃和番木瓜是真果，外果皮薄，中果皮和内果皮肉质化；醋栗、越橘、香蕉、石榴、番石榴、连雾和费约果等是假果，由多心室的子房下位花发育而来，可食用的部位是果皮和肉质化的花托、萼筒，但石榴的可食用部位为外种皮。瓠果是葫芦科植物的果实，为假果，花托和外果皮组成坚硬的果皮，中、内果皮及胎座均肉质化，如西瓜、甜瓜。

柑果类果树：这类果树为芸香科的橙子、柑橘、柚子、柠檬等。柑果是一类特殊的浆果，果实是真果，由多心皮复雌蕊发育而成，外果皮革质，中果皮疏松，内果皮特化成多汁的囊瓣，为可食用部位。

荔枝果类果树：这类果树是无患子科的荔枝、龙眼、韶子(红毛丹)等，果实是真果，食用部分是肥大肉质的假种皮。

聚复果类果树：这类果树的果实为聚合果和聚花果，均为假果。蔷薇科的草莓、树莓，番荔枝科的番荔枝为单花的多雌蕊发育而成的聚合果，草莓和树莓的可食用部位是膨大的花托，而番荔枝的食用部位是假种皮。桑科的桑葚、无花果、菠萝蜜、面包果，凤梨科的菠萝是由一个花序上多个小花发育而成的聚花果，食用部位是肉质化的花序轴、花托、附属苞片等。

坚果类果树：这类果树的果实或种子外部具有坚硬的外壳，可食部分为种子的子叶或胚乳。如漆树科的腰果、阿月浑子(开心果)，核桃科的核桃、山核桃，山毛榉科的板栗，榛科的榛子，紫杉科的香榧，山龙眼科的澳洲坚果和银杏科的银杏等。山竹子科的山竹子(莽吉柿)和木棉科的榴莲是真果，可食用部位是假种皮。

荚果类果树：豆科的酸豆、角豆、四棱豆，梧桐科的苹婆等。

三、材料与用具

(1)材料　市场销售的各种水果和干果实物、标本、图片。
(2)用具　水果刀、卡尺、显微镜、放大镜、绘图用具。

四、实验内容

1. 单果果实构造的观察

选择典型的果实种类，以仁果类的苹果、梨、枇杷，核果类的桃、李、芒果，浆果类的葡萄、番石榴、石榴，柑果类的柑橘、甜橙，荔枝类的荔枝、龙眼，坚果类的核桃、板栗为代表，观察果实外部形态，注意果柄的有无、萼片是否宿存等。用水果刀分别横切或纵切果实，认真观察其内部构造，识别果皮(外、中、内果皮)、种子(种皮、种孔、子叶、胚乳)、花托是否参与果实的发育，如图1所示。

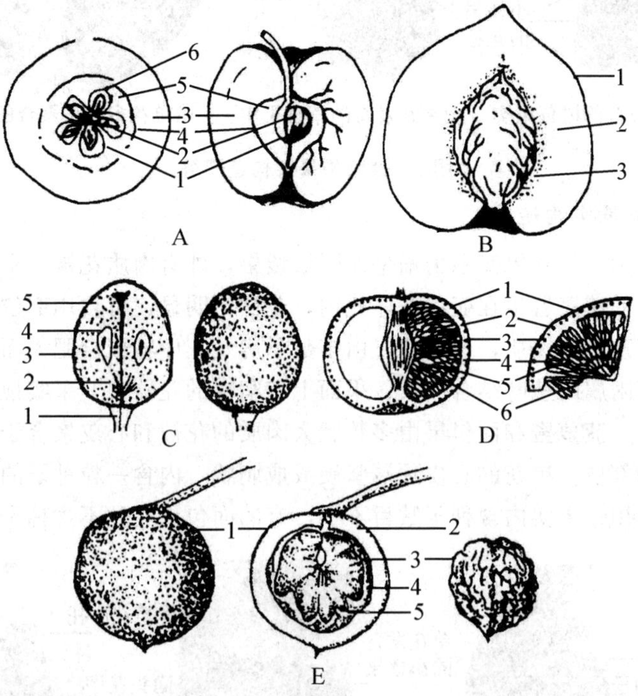

A. 仁果的构造(苹果)：1. 内果皮　2. 种子　3. 花托　4. 果心线　5. 花托的髓部　6. 外果皮和中果皮

B. 核果的构造(桃)：1. 外果皮　2. 中果皮　3. 内果皮

C. 浆果的构造(葡萄)：1. 果柄　2. 维管束　3. 外果皮　4. 种子　5. 内中果皮

D. 柑果的构造(甜橙)：1. 外果皮　2. 油腺　3. 中果皮　4. 内果皮　5. 汁囊　6. 种子

E. 坚果的构造(核桃)：1. 外果皮　2. 中果皮　3. 内果皮　4. 种皮　5. 子叶

图1　单果果实构造图解

2. 聚合果果实构造观察

用水果刀纵切果实，观察果实表面和内部构造。如图2所示，草莓果实表面有小瘦果和宿存的花柱，可食用部位是膨大的花托。树莓表面可见宿存的花柱，食用部位是膨大的花托和小核果，但有些品种的小核果连合成杯状，易与花托分离。番荔枝果实由多数心皮和花托合生而成，果面有瘤状或鳞片状突起，可食用部位是乳白色的假种皮。

图 2　聚合果果实构造图解

3. 聚花果果实构造观察

如图 3 所示，桑葚果实多为扁平卵圆形瘦果，外有肉质花被，果面上有宿存的花柱。无花果的花序着生在壶状花序托内，花被不明显，可食用部位是肉质花序托和小瘦果。菠萝果实肉质，球果状，由多数子房及花序轴聚合肥大而成，果皮为多数小果皮及其附属的苞叶结合而成，果面上有宿存的花器官，果实顶端是退化螺旋状排列的叶片。菠萝蜜和面包果由多数肥大肉质的花被和心皮聚合于肉质的花序轴上，为可食用部位；单花的心皮顶端坚硬或成刺状，内含一粒种子的瘦果，种子富含淀粉，可食用；果实内含种子数目不一，有的面包果品种不含种子。

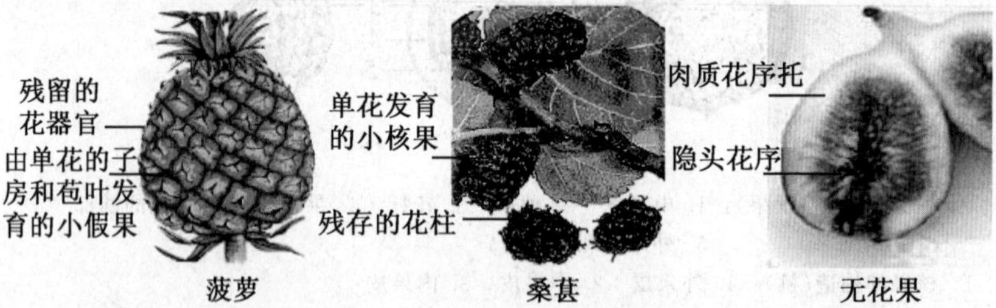

图 3　聚花果果实构造图解

五、结果与分析

(1)将所观察的果实构造填入表 1 中，比较各类型果实形态构造的异同点。

表 1　各类型果实形态构造的异同点

果实种类	肉果/干果；单果/聚合果/聚花果；真果/假果	食用部位与花器官的关系	子房上（周）位/子房(半)下位	果实构造类型
例：苹果	肉果；单果；假果	肉质化的花托	子房下位	仁果类

续表1

果实种类	肉果/干果；单果/聚合果/聚花果；真果/假果	食用部位与花器官的关系	子房上(周)位/子房(半)下位	果实构造类型
1				
2				
3				
4				
5				

(2)绘制有代表性的各类型果实纵切(或横切)剖面图，注明各部位名称及与花器官的发育关系。

（朱元娣）

实验二　蔬菜的农业生物学分类

一、实验目的

蔬菜是指具有多汁的产品器官，可作为副食品的一二年生及多年生草本植物。因此，蔬菜植物的范围很广，种类很多。我国又是世界栽培植物的起源中心之一，蔬菜品种资源丰富，栽培的蔬菜达100多种，其中普遍栽培的有60～80种。由于同一种类蔬菜中，有许多变种，每一变种中又有许多品种。所以，将蔬菜进行系统分类，明确科、属、种间在形态、生理上的关系，把握其在生物学特性和栽培技术要求上的异同，对蔬菜引种驯化、轮作防病及创造蔬菜适宜生育环境、提高品种选育和栽培技术水平具有重要意义。

二、实验原理

蔬菜分类法常用植物学分类法、食用器官分类法和农业生物学分类法3种。

而农业生物学分类法依据相似生物学特性的蔬菜，要求相近的栽培管理技术的原理，综合了蔬菜植物学分类法和食用器官分类法的优点，因此农业生物学分类法在栽培上更有针对性，因而更符合生产实际，应用范围更广泛。其可将蔬菜分为以下13类。

根菜类：以肉质根为食用部位，有十字花科的萝卜、芜菁、根用芥菜、伞形科的胡萝卜、藜科的甜菜。多为二年生植物，要求冷凉气候，喜湿润、低温长日照。

白菜类：包括油菜、大白菜、菜薹、菜心、乌塌菜等，以柔嫩的叶片、叶球、花薹为产品，大多数为二年生蔬菜。种子繁殖，适合育苗移栽。这类蔬菜根系较浅，要求保水保肥力良好的土壤，喜欢温和气候，耐寒不耐热。

甘蓝类：包括甘蓝、花椰菜、青花菜、芥蓝、球茎甘蓝、抱子甘蓝、羽衣甘蓝等，以柔嫩的叶球、花球、肉质茎等为产品。生长特性和栽培技术与白菜类相似。

芥菜类：包括茎用芥菜、叶用芥菜、籽芥菜等，以肉质茎、叶片、叶球和种子为产品。生长特性和栽培技术与白菜类相似。

绿叶菜类：以嫩的茎叶为食用部位，包括十字花科的小白菜、油菜、小萝卜，菊科的茼蒿、菊苣，旋花科的蕹菜，藜科的菠菜，伞形科的芹菜等。大都为一年生蔬菜，需大量肥水，为低温长日照植物。

葱蒜类：多属百合科，以鳞茎或管状叶作食用，包括大葱、洋葱、大蒜、韭菜等。喜冷凉，抗寒，根群不发达，要求湿润肥沃的土壤，为低温长日照植物。

茄果类：以果实作为食用的蔬菜，包括茄科的茄子、辣椒、番茄。要求肥沃土壤及较高的温度，不耐寒冷，对日照的长短要求不十分严格。

瓜类：以果实为食用部位，属葫芦科，有黄瓜、南瓜、西葫芦、甜瓜、西瓜等。多为蔓生植物，要求高温短日照，在生育期中要求有一定的昼夜温差。

豆类：以新鲜的种子及豆荚为食用，有菜豆、豌豆、蚕豆等。除个别外大多要求温暖环境。根部有根瘤菌，是此类作物的重要特征之一。

薯芋类：以含有丰富淀粉的块根、块茎、球茎及根茎为食用，包括马铃薯、山药、姜等。由于富含淀粉，较耐贮藏，一般多用营养繁殖进行生产。

水生蔬菜类：有藕、茭白、菱角、慈姑、水芹菜等。根系不发达，生长在浅水中。

多年生蔬菜：多年生，对土壤要求不严。此类蔬菜有金针菜、草石蚕、菊芋、竹笋、香椿、石刁柏、百合等。一般地上部每年枯死，以地下根或茎越冬，可连续采收数年。

食用菌类：有人工栽培的，也有野生或半野生状态的，包括蘑菇、木耳、香菇、草菇等。

三、材料与用具

(1)材料　各校(院)园艺试验站、蔬菜标本园、蔬菜生产与示范基地等地有代表性蔬菜种类，有关的蔬菜照片和音像材料等。

(2)用具　直尺、游标卡尺、叶面积仪、天平等计量用具，解剖刀、解剖镜、烧杯、纱布等，蔬菜植物分类法检索用书。

四、实验内容

按大类选择各地一些有代表性的蔬菜，对其产品器官形成特点、环境要求和栽培上的异同进行调查分析，掌握蔬菜农业生物学分类法及其应用范围。

(1)将田间所观察到的各种蔬菜，按农业生物学分类法，分别列入表1。

(2)依据植物形态特征，检索各种蔬菜所属的科(family)、属(genus)、种(species)列入表1。

(3)蔬菜形态性状鉴定，对蔬菜主要器官的形状、大小、数量、色泽及附生物等主要外部形态特征比较分析，确定其植物学分类地位和材料间的系统关系。记载项目因蔬菜种类而异，以下为根菜类(萝卜)、白菜类(大白菜)、茄果类(番茄)、瓜类(黄瓜)主要鉴定记载项目。

①萝卜

叶：叶簇组成、叶片数、叶型；最大叶的叶片长、宽；叶柄长、叶形指数、叶脉色泽、叶柄色泽、叶缘、叶面附生物。

肉质根：单根重、形状及形状指数、皮色、肉色、侧根多少；根颈部入土部分长度与肉质根全长的比率，根颈部出土部分长度与肉质根全长比率。

②大白菜

植株：株高、开展度、除去根重的单株重量。

根：主根粗度。

外叶：最大叶片长、叶片宽、叶片形状及形状指数、叶片色泽、叶柄及中肋长、叶柄基部、中部的宽及厚度、叶柄及中肋色泽；叶缘、叶正、背面附生物的有无、种类、大小、多少、色泽、叶面积组织生长情况。

叶球：形状及球形指数、球顶形状、抱合方式、紧密度；色泽、叶球重量、净菜率；叶球内短缩茎形状、短缩茎长度与球高度的比率，短缩茎侧芽萌发情况。

③番茄

植物：生长类型、生长习性、株高、开展度。

茎：茎粗、节间长度。

叶：叶型、叶色、叶面附生物。

花：花序类型、第一花序节位、花序间隔数、花形及大小、花瓣数、花瓣色、开花直径、雌蕊柱头与雄蕊花药高度的比较。

果实：果形及果形指数、绿熟及红熟果颜色、果实大小、单果重、果面特征(有无棱沟)、果脐大小、有无深色果肩及肩部裂痕(纵裂、横裂)、横剖面心室数、果皮厚薄、果皮厚度、果肉颜色、种子周围胶状物颜色、单果种子数量、种子千粒重。

④黄瓜

植物：生长习性、株高、开展度。

茎：茎粗、节间长度。

叶：叶型、叶色、叶面附生物。

花：花序类型、第一花序节位、花序间隔数、花形及大小、花瓣数、花瓣色、开花直径、雌蕊柱头与雄蕊花药高度的比较。

果实：果形及果形指数、果实大小、单果重、果面特征(有无刺)、果脐大小、有无深色果肩及肩部裂痕(纵裂、横裂)、横剖面心室数、果皮厚薄、果皮厚度、果肉颜色、种子周围胶状物颜色、单果种子数量、种子千粒重。

五、结果与分析

(1)记载田间观察蔬菜类别，所属的科、属、种中文名称及拉丁名(表1)

表1 各种蔬菜的分类、拉丁学名及中文名

类别	蔬菜名称	食用或变态器官	科		属		种	
			中文	拉丁名	中文	拉丁名	中文	拉丁名
根菜类								
白菜类								
甘蓝类								

续表 1

类别	蔬菜名称	食用或变态器官	科		属		种	
			中文	拉丁名	中文	拉丁名	中文	拉丁名
绿叶蔬菜类								
葱蒜类								
茄果类								
瓜类								
豆类								
薯芋类								
多年生蔬菜								
水生蔬菜								
食用菌类								

(2)分析产品为变态器官的一些主要蔬菜产品形成特点与食用器官特征。

(3)掌握主要蔬菜种类形态性状鉴定方法，可根据各地实验情况选择不同蔬菜品种或生态型进行对比分析(本实验选萝卜、大白菜、番茄为代表)，了解各种蔬菜形态特征和生育特点。

(4)依据蔬菜栽培学原理，结合形态性状观察，推测各种蔬菜环境要求及栽培技术要点。

(范双喜)

实验三　一二年生花卉的分类与识别

一、实验目的

掌握一二年生花卉概念、分类方法、播种适期及最佳观赏期，正确识别常见一二年生花卉的形态特征、科属及主要生长习性，了解其用途，为后续相关课程的学习打下基础。

二、实验原理

一二年生花卉植物种类繁多，品种多样，生长快，花色丰富，花期长，具有较高的观赏价值。在花卉栽培中，为了更好地分析掌握每一种花卉的生长规律和栽培习性，常常把花卉依据不同的分类标准划分为不同的种类，如依据花卉原产地可将花卉划分为不同的气候型，依据花卉的生态习性及生活习性则可将花卉划分为露地花卉和温室花卉两大类。更细一点划分则可将其划分为一二年生花卉(annuals and biennials)、宿根花卉(perennial herb flower)、球根花卉(bulbs)、多浆及仙人掌类花卉(succulents and cactis)、室内观叶植物(indoor foliage plants)、兰科花卉(orchids)、水生花卉(aquatic flowers)及木本花卉(woody flowering plants)。本实验所指的一二年生花卉即归属于后一分类方法。

一二年生花卉是花卉家族中的一大类，在实际应用中常常根据耐寒性的强弱人为将其再划分为一年生花卉和二年生花卉两大类。一年生花卉是指种子发芽后在当年开花结实，完成整个生命周期的花卉，其大多原产于热带或亚热带地区，不耐 0℃以下低温，故常在春季无霜冻后或温室播种育苗，夏秋开花，所以又将一年生花卉称为春播花卉或春播草花。二年生花卉大多原产于温带或寒带地区，耐寒性较强，一般在秋季播种育苗，当年只进行营养生长，可露地越冬或稍加覆盖防寒越冬，故又称秋播花卉或秋播草花。二年生花卉因其原产地遗传特性的影响，生长期间不耐高温，在高温条件下，生长受抑甚至休眠或脱春化，其整个生活史包含了两个年份，但实际生长时间不足一年。

三、材料与用具

(1)材料　鉴于各地区气候条件及设施条件以及资源等方面的因素，在实验中各地可依据本地具体条件灵活选择所用花卉种类及品种，可选用的一二年生花卉种类有春播草花类：鸡冠花、千日红、凤仙花、百日草、万寿菊、矮牵牛、一串红、半枝莲等；秋播草花类：雏菊、金盏菊、飞燕草、香豌豆、矢车菊、三色堇、紫罗兰、石竹等。另外，还有一些花卉既可春播又可秋播，如福禄考、麦秆菊、金鱼草、翠菊等。

(2)用具　直尺、游标卡尺、千分尺等。

四、实验内容

1. 种子识别

选取常用的10种一二年生花卉种子，仔细观察，描述并记录每一类花卉种子的外观特征，包括种子大小、色泽、形状及其他本种花卉的识别特征。

2. 植株外观特征识别

选择生长健壮、无病虫危害的花卉成苗进行观察。全株特性描述分地上和地下两个部分。

地上：株型高矮、紧凑程度、极性强弱、分枝角度；叶片类型、大小、叶色(正反两面)、裂刻及其他本种或本品种花卉具有的特征；茎秆强度、髓心大小、木质化程度。

地下：根茎系类别(直根、须根、肉质根、变态根茎等)、根群密度、根系大小等项指标。

3. 花期观察

观察并记录定植时间、从定植到开花所需天数、平均单花期、单株花期、群体花期等。

4. 花器官观察

(1)单花观察　包括花色、花径大小、花瓣数、是否重瓣及重瓣层数、花茎长度、花器官的完整性、花萼的描述等。

(2)花序观察　识别花序类别、花序轴的长度、组成花序的单花描述(同上)。

五、结果与分析

1. 种子识别(表1)

表1　种子识别特征指标

测定项目	万寿菊	矮牵牛	一串红	凤仙花	千日红	鸡冠花	雏菊	三色堇	石竹
千粒重									
平均粒实									

续表 1

测定项目	万寿菊	矮牵牛	一串红	凤仙花	千日红	鸡冠花	雏菊	三色堇	石竹
直径									
色泽									
形状									
附着物									
其他									

2. 植株外观特征的识别(表 2)

表 2 植物外观特征的识别

测定项目	万寿菊	矮牵牛	一串红	凤仙花	千日红	鸡冠花	雏菊	三色堇	石竹
地上部分									
株高									
紧凑度									
分枝角度									
极性									
茎秆强度									
髓心大小									
木质化程度									
叶类型									
单叶面积									
叶色									
叶片裂刻									
其他									
地下部分									
根茎类型									
根密度									
根系大小									
其他									

3. 花期观察(表 3)

表 3　花期观察

测定项目	万寿菊	矮牵牛	一串红	凤仙花	千日红	鸡冠花	雏菊	三色堇	石竹
定植时间									
从定植至开花天数									
单花期									
单株花期									
群体花期									

4. 花器官观察(表 4)

表 4　花器官观察

测定项目	万寿菊	矮牵牛	一串红	凤仙花	千日红	鸡冠花	雏菊	三色堇	石竹
观赏部位									
花序类别									
花序轴长度									
花色									
花径大小									
是否重瓣									
重瓣层数									
花瓣数									
花茎长度									
花器官完整性									
花萼									

(赵飞)

实验四　球根花卉的形态、分类与识别

一、实验目的

掌握球根花卉的分类方法；识别常见球根花卉；了解常见球根花卉生物学特性及基本应用。

二、实验原理

球根花卉是指地下部分变态的多年生花卉。地上部分茎叶枯死，地下根、茎膨大形成球状或块状的肥大的贮藏器官。广泛用于花坛、花镜、花带、岩石园等园林布置，也是切花与盆花的优质材料。

1. 球根花卉的分类

根据地下部分形态和变态部位，球根花卉可分为以下五大类。

(1)鳞茎类　鳞茎整体呈球形，为变态的茎叶，地下茎短缩成圆盘状鳞茎盘，其顶端为生长点(顶芽)，周围具有多枚肉质膨大的变态叶为鳞片(鳞叶)。根据鳞片排列状态分为：①有皮鳞茎，外包褐色膜质鳞皮，鳞片同心圆排列，代表植物为郁金香、风信子和水仙等大部分鳞茎花卉；②无皮鳞茎，不具膜状物，鳞片覆瓦状叠合着生于鳞茎中轴，代表植物为百合和贝母等。

(2)球茎类　地下茎膨大呈实心球状或扁球状，其上着生环状节，节上有叶鞘和叶的变态体，呈膜质包被球体，球茎顶端有顶芽，节上有侧芽。代表植物有唐菖蒲、小苍兰、番红花和秋水仙等。

(3)块茎类　地下茎变态为不规则的块状或球状，块茎外无变态叶包被(与球茎的主要区别)。代表植物为仙客来、大岩桐、花叶芋和球根秋海棠。

(4)根茎类　地下茎呈肥大的根状，具有明显的节与节间，顶芽多为花芽，侧芽形成分枝。代表植物为美人蕉、姜花和六出花等。

(5)块根类　为根的变态，侧根或不定根膨大形成，块根无节、无芽眼，只有须根，根颈部存在发芽点。代表植物有大丽花和花毛茛等。

2. 球根花卉的识别

根据地下变态部分及地上叶、花形态特征进行识别。地下变态部分按照球根花卉分类进行识别分类；叶按照叶类型、叶序、叶脉、叶形、叶尖、叶基、叶缘、叶裂等顺序进行观察识别，其中叶形是识别植物的重要依据之一，常以长阔比例、最阔部分位置和叶的形状进行描述；花的形态特征常被作为识别植物种类的主要性状依据，花按照单生花或花序，花各组成部分的存在与否、数目、联合程度、花冠类型等顺序进行观察。

三、材料与用具

(1)材料　根据季节特点，选择百合、水仙、唐菖蒲、仙客来、美人蕉和大丽花等球根花卉的地下变态部分和地上部分为实验材料。

(2)用具　解剖刀、解剖针、解剖镜、尺子等。

四、实验内容

(一)常见球根花卉的分类及识别

根据植物材料，首先观察不同球根花卉地下变态根或茎特征，辨别变态茎上的芽及节，并判断其属于哪种类型；再观察不同球根花卉地上部分茎、叶、花的形态特征，掌握其识别特征，结合参考文献，对供试材料进行分类及识别。

(二)水仙鳞茎解剖结构及水培生长过程观察

1. 水仙鳞茎外部形态及纵切结构

水仙鳞茎为有皮鳞茎，卵形至广卵状球形，外被棕褐色纸质皮膜。由鳞茎盘(短缩的茎)和多个肉质鳞片构成(变态叶)，其中着生有黄绿色叶芽和外有鞘状结构的花芽。鳞茎盘下有枯根。

2. 水仙雕刻与水养

雕刻目的：叶、花矮化及造型，同时促进开花。应注意不能剔破花苞。

去掉鳞茎外皮、底部枯根及泥土，在根部以上 1 cm 左右处与底部平行划一条弧形线，把叶芽两侧面鳞茎片从基部向上铲除 1/2 左右，使叶芽前面及左右两侧都露出来，把所有叶芽的叶苞片刻去 2/3，露出叶片，叶芽后面的鳞茎片和叶苞片可留做后壁，从上向下把叶缘削去1/5～2/5，从外层叶到内层叶，叶缘削的深度和长度要根据造型的需要而定；在花梗基部上0.5～1 cm处向下切一盾形薄片，深度为0.5～1 mm。若想让花梗向右侧弯曲，就削花梗的右侧，否则反之；子球一般不处理。

用清水浸泡雕刻后的鳞茎2 d，上盆，用卵石固定。初期每天换清水，后期可2 d换一次。水养初期在阴凉处水养，新根长出则移至阳光充足处，每天接受至少6 h的直射光。适宜温度为5～20℃，喜温暖，忌高温，忌恒温，不耐寒。换水不勤、阳光不足、温度过高、恒温等都会出现哑花现象。观察水仙水培生长过程。

五、结果与分析

(1)描述各类球根花卉地下部分的外部形态特征。

(2)绘制水仙鳞茎纵切图，并标注各部分名称。

(3)通过球根花卉的观察与识别，完成表1各项内容。

表1 球根花卉形态调查表

花卉种类	科名	球根花卉类型	叶主要形态		花主要形态			用途
			叶序	叶形	花序	花冠	重瓣	

（曾丽）

实验五 果树树种识别

一、实验目的

通过观察各树种的树姿、冠形、萌芽力和成枝力等整株的形态特点和生长特性，了解主要果树树种的生物学特性，掌握依据各树种的枝干、叶、花、果实和种子等器官的主要形态特点，识别当地有代表性的果树树种的方法。

二、实验原理

果树种类繁多，分类方法也较多。各种方法分别以树种的亲缘关系、生态适应性、生长习性和果实构造特点等作为分类依据。在进行果树树种识别时，需要综合应用不同分类方法，观察各树种的生长习性和树体不同生长时期各主要器官的植物学特征。

三、材料与用具

(1)材料　根据当地条件，利用学校的实验果园、果树资源圃、标本馆，附近的生产果园或植物园等果树树种资源丰富的场所，在仁果类、核果类、浆果类、柑果类、坚果类、柿枣类、荔枝类、草本类等不同类别中选择在各地有代表性的果树树种，如苹果(或梨、山楂等)、桃(或李、杏、樱桃等)、葡萄(或猕猴桃等)、橘(或柑、橙等)、核桃(或板栗、银杏等)、柿、枣、荔枝(或龙眼等)、草莓、香蕉等进行观察比较，并尽可能在不同生长时期(如休眠期、花期、果实成熟期等)观察各树种形态特征。

(2)用具　皮尺或卷尺、标杆、测高器、卡尺等，有关果树种类、分类方面的教材或专著。

四、实验内容

1. 各树种的生长习性观察

选择树龄相同或相近的树种进行比较，测量树体大小，判别所选树种生长习性类型。

乔木果树有明显而直立的主干，树体高大或比较高大，如苹果、梨、核桃、柿、枣等；灌木果树主干矮小或丛生，如石榴、醋栗、无花果等；藤本果树的枝干称为蔓，依靠支持物攀援生长，如葡萄、猕猴桃等；草本果树有草质的茎，多年生，如草莓、香蕉等。树体大小常用树高、冠径(东西×南北)、干周(距地面20～30 cm 处)等指标反映。

2. 树姿、冠形等整株的形态特点观察

树姿依主枝基角可分为极开张或下垂、开张、半开张和直立等；冠形有圆头形、半圆形、纺锤形、开心形、圆柱形、疏层形等。注意观察树姿、树形是自然生长形成的还是整形的结果；枝条比较直立还是开展或下垂。依据萌芽力和成枝力识别树种。如桃、李、杏等核果类果树，柑橘、葡萄的萌芽力和成枝力均较强，枝量较大；梨的萌芽力强而成枝力较弱。调查萌芽力(随机调查 20 个以上 2 年生枝)和成枝力(剪口下抽生 15 cm 以上的长枝数，随机调查不少于 20 个 2 年生枝)，将调查数据与观察结果相比较，判断各树种萌芽力和成枝力。

3. 枝干形态特点观察

(1)观察各树种不同树龄主干的色泽(多为灰褐、黄褐、暗褐、棕褐、红褐、淡黄色等)、光滑程度(光滑、有纵裂、块状剥落)。

(2)调查 1 年生枝落叶后的色泽(黄绿、黄褐、暗褐、红褐、赤黄、红色、绿色等)。

(3)观察新梢的色泽、皮孔特点、绒毛与刺的有无或多少。

4. 叶片形态特点观察

(1)叶型(单叶或复叶、复叶类型)。

(2)叶片形状(卵形、卵圆形、倒卵圆形、椭圆形等)、叶缘形态(全缘、锯齿、波纹、深裂等)、叶尖与叶基形态、叶脉分布(如羽状、掌状叶脉)、有无托叶与托叶形态等。

(3)叶片色泽(浅绿、绿、暗绿)，注意叶龄。

5. 花形态特点观察

花序种类(总状、伞形、穗状、头状、伞房、圆锥、葇荑花序等)与大小、花蕾颜色、花型(单瓣、半重瓣、重瓣)、花瓣颜色等。

6. 果实形态特点观察

(1)果实大小、形状、色泽(底色、面色)与着色类型。

(2)果面光滑度、果锈的有无与类型(斑锈、条锈、片锈)、果点的大小与疏密、蜡质与果粉。

(3)果梗长度、梗洼深浅与广狭、果脐的有无与开闭等。

(4)果肉质地、硬度与颜色，汁液多少，石细胞的有无与多少，香气，口感等。

(5)果实的构造类型(详见实验一)。

(6)种子的有无、数量、形状、大小和颜色(刚从果实中采出的种子)等。

在识别果树树种时应特别注意利用不同种类独有的特点，如柑橘类果树复叶形态与叶翼的有无、大小，葡萄叶片是否有绒毛及绒毛形态、卷须着生特点等。

五、结果与分析

1. 树种分类情况观察(表1)

表1　各种果树分类表

树种名称	植物学分类			生长习性分类	栽培学分类
	科	属	种		

2. 树种的整株生长特点观察(表2)

表2　几种果树树体形态等特征记载表

树种名称	树龄	树姿	冠形	树高	冠径	干周	萌芽力	成枝力
					东西×南北			

3. 树种的主要器官形态特点观察(表3)

表3 几种果树器官形态特征记载表

观察项目	树种名称
枝干	
主干色泽　主干光滑度	
1年生枝色泽	
新梢色泽、皮孔	
其他形态特点	
叶片	
叶型	
叶片形状	
叶缘形态	
叶尖形态	
叶基形态	
叶脉分布	
托叶或叶翼形态	
花	
花序种类与大小	
花蕾颜色	
花型	
花瓣颜色	
其他特点	
果实	
大小与形状	
色泽与着色类型	
果面光滑度、果锈、果点	
果面蜡质与果粉形态	
果梗长度、梗洼等形态	
果肉质地、硬度	
果肉颜色	
果实的构造类型	
种子数量、形状、大小与颜色	
其他特点	

4. 调查分析当地代表性果树树种的主要形态特征。

（宋尚伟）

实验六　主要蔬菜种子形态识别与种子质量鉴别

一、实验目的

种子是农业生产的重要生产资料，常见蔬菜种子的感官辨认及分类是蔬菜工作者最基本的工作内容。蔬菜种子类型多，大小各异，同一科的蔬菜种子大小、形态极其相近，因此蔬菜种子识别及分类较为复杂。按蔬菜植物学分类法选取供试种子，依据蔬菜种子的形态特征和解剖结构，区别不同种类蔬菜种子，掌握鉴别种子质量的基本方法，学会初步评价种子质量，对蔬菜植物种子识别及种子质量鉴别有重要作用。

二、实验原理

种子质量是由种子不同特性综合而成的一种概念。农业生产上要求种子具有优良的品种特性和优良的种子特性。通常包括品种质量和播种质量两个方面的内容。品种质量是指与遗传特性有关的品质，内容包括种子的真实性以及品种纯度两方面。播种质量是指种子播种后与田间出苗有关的质量，包括种子的净度、发芽力、千粒重、含水量等内容。

三、材料与用具

(1)材料　各种蔬菜种子的瓶装标本；几种有代表性蔬菜的新、陈种子；不同颜色、花纹的菜豆或豇豆品种；送检样品一份；甘蓝蔬菜种子(用于发芽力、千粒重、含水量分析)等。

(2)用具　电热式恒温鼓风干燥箱、干燥器、种子箱、低温种子贮藏柜等；解剖镜、显微镜、放大镜、解剖针等；净度分析台、分样器、分样板、套筛(包括振荡器)、天平；9 cm 玻璃培养皿、发芽纸、样品盒、干燥器、粉碎机、坩埚钳等。

四、实验内容

(一)种子形态识别

肉眼观察或借助放大镜观察各种蔬菜种子外部形态，从颜色、形状、大小、花纹、有无毛刺、棱角、种脐部位、形状等方面来识别，蔬菜种子归类注意找共同点，同类的识别应区分不同点。

(二)种子质量鉴别

1. 品种纯度鉴定

随机从样品中数出菜豆或豇豆种子 400 粒，4 次重复，每个重复 100 粒。根据菜豆或豇豆种子形态、大小、色泽、花纹和种皮表面结构特征等形态特征逐粒观察，并与标准品种的样品或标准品种彩色图谱进行比较，区分出本品种和异品种种子，计数，并按下列公式计算出品种纯度。

$$品种纯度=\frac{供检种子粒数-异品种粒数}{供检种子粒数}\times 100\%$$

2. 种子净度测定

净度是指种子清洁、干净的程度。净度分析是测定供检样品不同成分的重量百分率和样品混合物的特性，并据此推断种子批的组成。其目的是通过对样品中净种子、其他植物种子和杂质 3 种成分的分析，了解种子批中洁净可利用种子的真实重量以及其他植物种子和无生命杂质的种类和含量，为评价种子质量提供依据。

3. 种子发芽力分析

发芽能力是指种子在适宜温、湿度条件下所具有的发芽和长成幼苗的能力。通常用发芽势和发芽率两个指标来表示。本实验以甘蓝为试材，分析种子发芽力。

取 9 cm 玻璃培养皿，每皿垫入两层浸润的发芽纸，利用真空数种器数种置床，每皿 100 粒种子，4 次重复。放入 20～30℃或 20℃培养，第 5 天计数正常发芽的种子，第 10 天计数正常发芽的种子、不正常发芽种子和死种子数。新收获的种子须在 5℃预先冷藏 3～5 d，或用 0.2% KNO_3 溶液湿润发芽床后置床。

$$种子发芽势=\frac{发芽初期(规定日期内)正常发芽粒数}{供检种子粒数}\times100\%$$

$$种子发芽率=\frac{发芽终期(规定日期内)全部正常发芽粒数}{供检种子粒数}\times100\%$$

4. 千粒重测定

把纯净种子平铺桌面呈四方形，按四分法取样，画对角线分成4个三角形，取其中一半种子混合，再如此继续取样，直到剩千粒种子左右时，数出1 000粒，称重。两次试样的称重误差不得超过5%。若超过5%，则另取第三份试样补充称量，最后取误差小于5%的其中两份，求其平均值以代表受检样品的千粒重。

5. 种子水分测定

种子水分是指种子中含水分的重量占样品重量的百分率。种子水分状况是播种品质的重要指标，也是影响种子安全贮藏的主要因素。种子水分测定常用低恒温烘干法和高恒温烘干法，本实验以低恒温烘干法为例。

样品盒置于(130±2)℃烘箱中1 h左右，干燥器内冷却后，用感量0.001 g的天平称量，记下盒号和质量。从送验样品中取15～25 g种子磨碎(甘蓝、辣椒、洋葱等小粒种子不需磨碎)。称取试样两份放入预先烘干的样品盒内，每份4.5～5.0 g，并加盖。将样品盒放入烘箱中，打开盒盖，待温度回升至(130±2)℃开始计算时间。8 h后，打开烘箱门，在箱内盖好盒盖，取出，置于干燥器冷却后，称重，记录。

$$种子含水量=\frac{样品烘前质量-样品烘后质量}{样品烘前质量}\times100\%$$

五、结果与分析

(1)论述识别种子的内容与要点，通过实验观察对白菜类及葱蒜类种子加以区别。

(2)借助放大镜和解剖刀，观察白菜、菠菜、葱、菜豆、番茄、黄瓜等蔬菜种子结构，并绘图说明。

(3)测定所取菜豆或豇豆种子的品种纯度，计算所取甘蓝种子的发芽力、千粒重和含水量，根据测定结果综合评价种子质量。

(韩莹琰)

实验七 果菜类蔬菜植株生长分析

一、实验目的

选择有代表性果菜类蔬菜，通过亲自栽种、观察和测定植株生长状况、动态变化，了解果菜类蔬菜植株生长发育规律，初步掌握果菜类蔬菜植株生长测定方法，判断不同种类或品种植株生长发育异同点，为果菜类蔬菜的科学栽培提供理论依据。

二、实验原理

植物从种子发芽、形成幼苗、开花结实以及形成产品器官，都要经历一系列的生长发育过程。生长是植物直接产生与其相似器官的现象，生长的结果，引起体积或重量的增加；发育则是植物通过一系列的质变以后，才产生与其相似个体的现象，发育的结果，产生新的器官——花、果实、种子等。果菜类蔬菜包括茄果类(番茄、茄子、辣椒、人参果等)、瓜类(黄瓜、冬瓜、节瓜、丝瓜、苦瓜、西瓜、甜瓜、南瓜等)和豆类(豇豆、菜豆、荷兰豆、蚕豆、扁豆、黄豆等)，其以果实为产品器官，生长发育经历发芽期、幼苗期、抽蔓期和开花结果期。通过对茄果类蔬菜植株生长指标测定和分析，可探明果菜类蔬菜生长发育规律。

三、材料与用具

(1)材料　茄果类、豆类、瓜类等果菜类蔬菜种子、幼苗及不同生长期的正常植株。

(2)用具　大棚、尼龙绳或塑料绳、竹竿或木杆、铁铲、锄头、簸箕、定植杯、泡沫塑料板、水果刀、剪刀、卡尺、天平、烘箱、pH 计、电导计、浇水设备、叶面积测定仪等。

四、实验内容

(一)实验设计及观察方法

由于果菜类种类多，生长期长，全班可分组栽种试验材料，每 3～5 人一组，选种一类或一个品种，栽种 50～100 株。可按小组或交叉选用，共享试材，进行分析。应选择有代表性的品种及单株，随机选取一定数量的植株或器官，做好标记，挂上小标牌，分别编号，定期进行观察记载和取样分析。

(二)实验材料的栽培与准备

栽培方式因时因地和具体条件而异。既可常规土壤栽培，也可采用无土栽培，特别是水培，材料取样、观察、测定等操作便利，又便于保持各器官的完整性(如根系)，有条件的学校最好能采用水培方式。

1. 土培种植

(1)苗床准备　充分晒地、耙地，打碎，结合整地施足基肥。基肥常用有机肥、微生物菌肥，或有机无机复合肥、磷肥等。基肥可整地时撒施，后再做畦或先起畦后于中间开沟施入，然后覆土备用。一般每 667 m^2 可施入农家堆肥 3 000～5 000 kg，磷肥 40～50 kg；或花生麸 100～120 kg；或鸡粪 200～300 kg；或工业化的有机肥 200～400 kg。

(2)合理定植　根据品种、栽培季节、种植方式、肥水条件等合理密植。参考定植密度为：瓜类株行距为 30 cm×50 cm，茄果类为 40 cm×50 cm，豆类为 20 cm×50 cm。

(3)肥水管理　在施足基肥的基础上，根据果菜类生长发育及需肥特点，适时适量肥水管理。生长前期应避免肥水过足而导致徒长，生长后期注意肥水不足而导致落花落果。追肥量应根据品种特性、土壤特点及肥料养分含量等而定。一般每 667 m^2 茄果类蔬菜参考肥量为尿素 50～80 kg、氯化钾或硫酸钾 70～80 kg；或三元复合肥(如 17∶8∶15 或 17∶5∶10 等)70～100 kg 加钾肥 30 kg。其中基肥占 30%，追肥占 70%。各生育期追肥比例为：幼苗期占 5%，抽蔓期占 10%，开花结果初期占 25%，开花结果旺盛期占 30%。瓜类的种类较多，不同类别吸肥量差异较大，一般每 667 m^2 瓜类蔬菜用三元复合肥(如 17∶8∶15 或 17∶5∶10 或 15∶15∶15 等)50～80 kg，其中基肥占 20%，幼苗期占 5%，抽蔓期占 10%，开花结果初期占 25%，开花结果旺盛期占 40%；豆类蔬菜一般每 667 m^2

用三元复合肥(如 17∶8∶15 或 17∶5∶10 或 15∶15∶15 等)50～60 kg，其中基肥占 30%，幼苗期占 5%，抽蔓期占 10%，开花结果初期占 20%，开花结果旺盛期占 35%。

(4)其他管理　整枝、打杈、摘心等植株调整按常规管理进行。

2. 水培种植

(1)营养液选择　采用深液流法(DFT)栽培。一般采用美国霍格兰氏配方(1938)或日本园试配方(1966)(表 1)。微量元素采用较为通用的配方，营养液含化合物量(mg/L)：FDTA-Fe 20、H_3BO_3 2.86、$MnSO_4 \cdot H_2O$ 1.54、$ZnSO_4 \cdot 7H_2O$ 0.22、$CuSO_4 \cdot 5H_2O$ 0.08、$(NH_4)_6Mo_7O_{24} \cdot 4H_2O$ 0.02。

表 1　营养液配方

mg/L

名称	化合物用量				元素含量					
	$Ca(NO_3)_2 \cdot 4H_2O$	KNO_3	KH_2PO_4	$MgSO_4 \cdot 7H_2O$	N	P	K	Ca	Mg	S
霍格兰氏配方	945	607	115	493	210	31	234	160	48	64
日本园试配方	945	809	153	493	243	41	312	160	48	64

(2)播种　将种子直接播种在盛装固定物(如小石子或陶粒等)的定植杯中，每杯播种 2～3 粒。苗期可根据生长情况用 0.75 个单位的营养液淋施。

(3)营养液管理　从定植至开花前的 EC 值控制在 1.5～2.0 mS/cm，开花后宜控制在 2.0～3.0 mS/cm。每隔 1 周对营养液进行检测一次，浓度发生变化时应进行补充与调整。pH 值宜控制在 6.0～6.5。苗期每天上、下午各供液一次，每天每株供液 300～500 mL，生长中期增加至 800～1 000 mL。

(三)实验步骤

(1)观察记载供试植株的开展度、分枝情况、开花结果习性等(如第一雌雄花的开放时间、第一果实的形成期、结果节位、雌雄花比率、结果率等)，结果列表记录。

(2)测定记载不同生长期植株高度、茎粗度、叶片数量、果实数量等，结果列表记录。

(3)分别在发芽期、幼苗期、抽蔓期、开花结果初期、开花结果旺盛期、采收期称取植株的鲜重和干重，绘制生长曲线图，分析植株动态生长发育变化，同时计算相对生长率(RGR)，即单位时间植株的增长率。

(4)分别称取不同生长期植株根、茎、叶、花、果等器官重量，分析植株各器官间的生长相关性及与整个植株生长的关系。

(5)采用叶面积测定仪测定不同生长期叶片面积，分析叶片生长动态变化规律。

(6)分别统计记载采收前期、中期、后期产量，计算全生育期经济产量，分析产品器官(经济产量)占生物产量的比率。

五、结果与分析

(1)根据以上的观察步骤，列表记录实验观察结果。
(2)根据实验结果分析各种果菜类蔬菜植株生长及各器官的生长特点。
(3)根据实验结果分析不同果菜类蔬菜植株生长发育规律的异同。

（杨暹）

实验八　园艺植物根系形态结构分析

一、实验目的

均衡健壮的根系是园艺植物保持正常生命活动及优质丰产的保证。通过观测分析园艺植物根系的外部形态结构并准确分类，对分析根系生长环境、培育良好的根群具有重要的参考价值。通过本实验的学习及操作，要求掌握根系研究及分析的基本方法，了解园艺植物根系的形态和主要结构类型，了解根系在土壤中的分布特点，为培育健壮均衡的根系奠定技术基础。

二、实验原理

园艺植物的根系根据作物的类别可分为两大类，木本植物如苹果、梨、桃等深根性具主根的根系和草本植物如黄瓜、西红柿、非洲菊、萱草等浅根性的须根类根系。不同植物间根系的分布及形态结构差别较大。

从根系的生长演化分类，多年生园艺植物的根系可归纳为初生根和次生根，其中初生根的生长发育对植物的影响最大，一方面初生根起着扩展生存环境及吸收调节作用，另一方面初生根的生长发育对多年生园艺植物的次生根起基础作用。下面以苹果根的分类为例简要说明其分类关系(图 1)。

- 苹果根类型
  - 初生根
    - 吸收根→寿命 15～25 d，长度＜5 mm，直径 0.3～0.5 mm
    - 生长根
      - 吸收生长根　长度 0.5～3 cm，直径 0.3～0.6 mm
      - 缓慢生长根　长度 1～4 cm，直径 0.5～0.8 mm
      - 迅速生长根　长度＞5 cm，直径 0.8～2.1 mm
  - 次生根
    - 当年生次生根
      - 强势输导根　长度＞20 cm，直径 3 mm 左右
      - 弱势输导根　长度 5～20 cm，直径 2～4 mm
      - 次生根轴　长度＜5 cm，直径＜1 mm
    - 多年生次生根
      - 次生根轴　直径 1 mm 左右，寿命 1～2 年
      - 临时性输导根　直径 1～3 mm，3～4 年后衰老
      - 永久性输导根　直径＞3～5 mm

图 1　苹果根的类型(杨洪强，2007)

对多年生园艺植物的根系而言，初生根一般短而纤细，数量相对较多，尤其是吸收根。初生根的颜色相对较淡，呈白色或棕白色，非木质化。而次生根颜色较深，木质化程度高。

根系的形态和结构与根系生长的环境有较大关系。水分和土壤的通气状况对根系结构的建成影响极大。通气不良的土壤(如黏重土壤)，根系多呈线型生长，分枝少而延伸长。通气条件好，但水分波动较大的土壤(如沙土地)，根系生长量大，分布广，但内膛根少，吸收根多分布于边缘。在通气良好水分稳定的区域根系形成簇状分布，密度大而寿命长。因此，在研究根系结构形态的同时，要结合其所生长的外部环境进行分析，从水、气、肥、热及植物营养水平等层面进行综合研究，才能从根系的外部形态结构的观测中推演出制约根系的发生及功能演化的内在本质。

三、材料与用具

(1)材料　田间栽培木本类园艺植物如苹果、桃、柑橘等。在实验中通过挖掘或做剖面进行根系分布调查及不同分布区根系形态及结构的比较分析；盆栽园艺植物如盆栽苹果、杜鹃、一品红等及营养钵栽植的番茄、黄瓜等园艺植物，也

可采用穴盘种苗作为试材。这部分试材主要用来观测盆栽条件下生长根、吸收根的发生及形态以及限根条件下对栽培环境的适应性。

(2)用具　锹、水盆、镊子、绘图纸、铅笔、橡皮、钢卷尺、卡尺、坐标纸、小木桩、线绳、记载板、方格框、扫描仪、体视镜等。

四、实验内容

(一)根系分布观察

1. 壕沟法

壕沟法是田(园)间或生产上调查植物根系常用的方法。可以研究不同树种、品种、砧木、树龄、土壤、地势和不同土壤管理措施等影响下的根系分布。能观察到根系分布的深度和广度、根系集中分布的部位等。但观察的只是根系的一个侧面，因而株间差距较大。其优点是伤根少，对树体影响小，因此一般应用较多。

壕沟法是在近冠径的外缘，与以树干为中心的圆做一切线，沿此线开沟。沟长较树冠要大些，沟宽 60 cm，以能容一人工作为准。通常根据树体大小及研究重点确定壕沟的深度，一般 60～100 cm。近树的沟壁铲平与地面呈垂直面，将事先制好的方格框(方格框内纵、横向均按 10 cm 间隔以线绳交叉织成网框)以小木桩固定在土壤剖面上。观察每格内不同粗度(以卡尺测定)的根数，在坐标纸上按一定比例(如 1∶10)用不同符号画出根系断面图。图边标记地点、土壤层次、树种、品种、砧木、树龄、树体大小、生长结果状况等。

一般根系标记的符号如下：“·”代表 2 mm 粗以下的细根；“。”代表 2～5 mm的根；“○”代表 5～10 mm 的根；“⊙”代表 10 mm 以上的大根；“⊗”代表死根。

上述方法只能看到根系的一个断面。如进一步改良就成为连续断面观察法，又称改良壕沟法。如观察高大植株的根系，可以树干为中心，沿放射线方向每隔 100 cm 挖一垂直断面，以挖到冠外水平根分布最远处为限。挖时由外向内，可以记载出每间隔 100 cm 断面的根系分布图，其观察标记符号同前。将观测断面图按距离次序连续排列，可从中分析根系的水平分布和垂直分布。

2. 框架法

对于草本植物，如番茄、黄瓜、矮牵牛、一串红等用框架法，具体做法是在未种植草本植物之前预先在田间挖一方形坑，然后将多层铁丝网框架埋设在根系可能延伸到的土体内，再以土充实方坑，让根系在框架内生长，待测定时再逐次剔除土壤，而预先埋设的铁丝网框架则起固定支撑根系的作用，以此获得田间根系实体的分布状况。

3. 盆栽植物观察法

与壕沟法相比，盆栽植物因其体量小、易操作，较易获得根系分布的三维空间分布，建立植物的根构型。具体做法是在容器中填入不同类型的栽培介质(黏土、素沙、壤土等)定植同一植物或在同一类型介质中栽培不同类型的植物。取根采用水冲法，观察根系在根轴二维平面上的分布及在介质中的三维空间分布。二维分布构型可利用扫描仪处理观测，做法是用吸水纸吸干根系表面的水分，取代表性的根群平压于扫描仪上进行扫描，获得直观的二维图像，借助计算机软件进行根系分布及结构分析。

(二)根系形态结构观察

利用标本室内陈列的园艺植物根系标本，或直接从园艺植物栽培园中挖取幼龄植株的完整根系，以清水冲洗干净后带回室内，观察根系的各部分。挖取根系时要细致，尽可能少伤根，一般应从树冠外侧向内侧挖。为保持根系的自然分布状况，可用铁丝将其连接起来。

1. 根系各部分的识别特征

(1)主根　垂直分布的粗大根。实生树或实生苗作砧木的树都具有强大的主根，而自根树一般没有明显的主根。

(2)侧根　着生在主根上比较粗大的根。自根树的侧根直接生长在根干上。

(3)须根　着生在主、侧根上的纤细根。

(4)生长根　着生在须根尖端的未木栓化的白色新根。

(5)吸收根　着生于须根上较生长根短、细的白色小根。因寿命短，只在根系旺盛生长期发生较多。

(6)过渡根　由生长根转变而成的浅灰色或淡黄色初生结构的根。

(7)输导根　由过渡根转变而成的黄褐色次生结构的根。

2. 观察记载方法

(1)主根、侧根、须根的观察记载　将保存完好的根系置于桌面，下部可铺一张白纸便于观察。按一定比例将主根、侧根、须根描绘于绘图纸上，注明各部分的名称。并在图边标记有关基本情况，如植株来源(地点)、土壤、质地、树种(品种、砧木)、树龄、树体大小等。

(2)生长根、吸收根、过渡根、输导根的观察记载　采用扫描仪分析法，或者在盛有清水的培养皿下面放一张坐标方格纸，选择适当大小的须根，放在培养皿中展开，分别统计生长根、吸收根、过渡根和输导根的数量和长度。

(3)根系形态结构的定量测定　包括根系中不同根类的颜色、单位长度根数、生长根总数、单位容积吸收根群干鲜重等。

(4)解剖观测　利用体视镜对不同类型的根进行解剖观察，比较差异性。利用石蜡切片技术进行不同根类显微结构的分析。

五、结果与分析

1. 根系分布观测分析

(1)绘制植株根系的分布图。

(2)列表统计根系的分布状况，并统计距离植株中心干不同距离的土壤剖面上根系的分布状况(表1)。

表1　根系纵断面分布统计表

土层深度/cm	根直径/mm				死根
	<2	2～5	5～10	>10	
0～10					
10～20					
⋮					

2. 根系形态结构分析

(1)主根、侧根和须根　①绘制植株的主根、侧根和须根分布图。②说明植株有无主根、侧根与须根的数量及分布。

(2)生长根、吸收根、过渡根和输导根　①将实验观察结果列表统计(表2)。

表2　根系分类统计表

须根号	生长根	吸收根	过渡根	输导根
1				
2				
⋮				
条数				
合计				
长度/mm				

②分别计算生长根的平均长度、占总根数的比例，吸收根的平均长度、占总根数的比例，以及一定长度(如 1 m)须根上生长根的数量和吸收根的数量。③绘制各部分根系横切面，根毛分布图，其他部分定量测定分别记录于表 3 中。

表 3 根系定量测定

项目	生长根	吸收根	过渡根	输导根
根色				
根重(鲜重)				
根重(干重)				
干/鲜				
根毛数量				

3. 根系解剖结构的观察及分析

使用体视镜和显微镜对不同根类型进行观测，比较差异。

(赵飞)

实验九 园艺植物花芽分化的观察

一、实验目的

1. 通过对花芽分化不同阶段的花器分化情况观察，初步掌握观察花芽分化的徒手切片及镜检技术。

2. 识别和了解苹果、桃、黄瓜、万寿菊的叶芽、花芽及花的形成过程及环境条件、栽培技术对花芽分化及发育的影响。

二、实验原理

1. 苹果和桃的花芽分化

花芽分化的全过程一般从芽内生长点向花芽方向发展开始，直到雌蕊、雄蕊完全形成为止。多年生木本园艺植物花芽分化过程因花芽类型不同而异，果树中的仁果类的苹果与核果类的桃花原基发生稍有差异。苹果从花序原基、花萼原基、花冠原基到雄蕊原基和雌蕊原基相继出现。而核果类的桃1个花芽只含有一朵花，故与仁果类果树苹果相比，缺少花序原基的形成，其他花器官原基的发生及出现的次序与仁果类果树完全一致。

2. 黄瓜的花芽分化

黄瓜幼苗期即开始发生花芽，并进行性型分化。花芽分化过程中，花器发生顺序为花萼、花瓣、雄蕊、雌蕊。首先在叶腋中发生一个(有时几个)钝形突起物，这就是由一分生组织细胞组成的花原基。以后这个突起物伸长，顶端微凹，凹处边沿上有5处分裂较快成为5个突起的花萼原基。形成花萼原基后迅速在它们的内圈出现花瓣原基，起初花萼原基生长较快，以后则花瓣原基生长较快，而在凹处构成弓形，将花瓣原基和花萼原基两者的基部连合成花被筒，形成萼片与瓣片，基部还在花托上，分化出蜜腺组织。就在花瓣原基发生后，它基部的组织生长很快，发育成雄蕊原基和心皮。雄蕊原基出现3个，其中两个较大，一个较小，这时立即在花托的顶端凹处边沿上出现3个凸起的钝形小心皮瓣，这就形成了完全花花芽锥体。所以，实际黄瓜刚形成的花芽椎体都是具有雄蕊和雌蕊原基的，只是后来才发生性别的分化，即形成雌蕊退化的雄花和雄蕊退化的雌花。如果没有这种分化就形成完全花。

3. 万寿菊的花芽分化(图1)

万寿菊花芽分化始于2叶1心到3叶1心，茎尖生长点变阔圆，最终呈半球形，形成花序原基，其边缘突起为苞片原基。5叶1心到8叶1心为花序形成期，小花分化从花序外部逐渐向内部分化，在花序的周缘形成若干小圆球状的突起，即为小花原基，到8叶1心时小花原基全部分化，小圆球状结构中央凹陷，进一步形成花冠原基。9叶1心开始小花分化，舌状花的花冠为单片螺旋状卷折，中间凸起为正在分化的雌蕊；管状花的花冠为圆筒状，其中间的凸起为正在

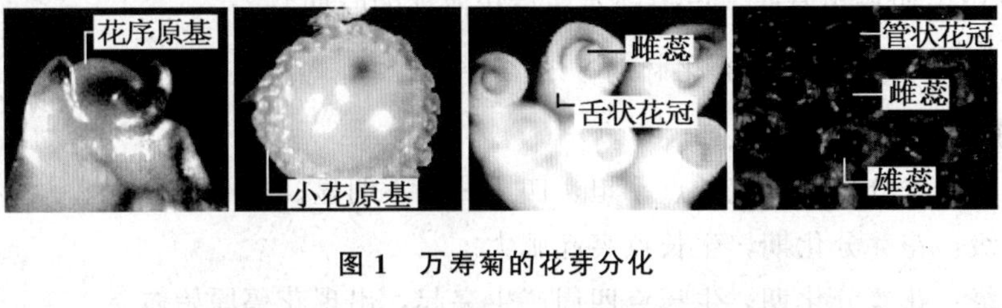

图1　万寿菊的花芽分化

分化的雌、雄蕊。当管状花发育到一定时期时，圆筒状花冠的顶端分成5个小裂片并闭合，而舌状花的花冠的螺旋状卷折逐渐绽开。

三、材料与用具

(1)材料　花芽分化各时期的桃和苹果的结果枝，不同播期处理的黄瓜或万寿菊植株各5株，桃、苹果、黄瓜花芽分化各个时期的永久固定切片。

(2)用具　双目立体显微镜(或解剖镜)、刀片、镊子、解剖针、烧杯(500 mL)、培养皿、载玻片、盖玻片、刚果红或番红染色剂等。

四、实验内容

(一)制作徒手切片

按采取时期顺序取桃或苹果的结果枝，用镊子由外及里剥去花芽的鳞片，露出花序原始体，然后用刀片从花序原始体的左上方轻轻往右下方切割，切割的花序原始体小片越薄越好，1个花序原始体可连续切割数片，将切下的薄片放入盛水的培养皿中。1个花序原始体切割完毕后，将培养皿中的小薄片依次排列于载玻片上，用1%刚果红染色，经1～3 min后，用清水洗净，加上盖玻片，即可在显微镜下观察。如无染色剂，亦可直接在显微镜下观察。

桃的花芽徒手切片的操作与苹果大体相同，唯剥去外部较硬鳞片后，可保留柔软苞片，即可切割。黄瓜则采用剥芽或徒手切片法，按不同播期幼苗花芽分化期的早晚，依叶片次序剥出侧芽生长锥或制成切片，置于显微镜下观察。

(二)镜检观察

将剥出的生长锥或制成的切片置于双目立体显微镜或低倍显微镜下观察，并与标准固定切片相对照，以识别花芽分化所处的时期。

1. 桃和苹果的花芽分化时期

(1)桃的花芽分化时期

0级：未分化期，生长点平坦，四周凹陷不明显。

1级：花芽分化期，生长点突起肥大。

2级：花萼分化期，生长点四周产生突起，出现花萼原始体。

3 级：花瓣分化期，萼片原始体内侧基部产生突起，出现花瓣原始体。

4 级：雄蕊分化期，花瓣原始体内侧出现雄蕊原始体。

5 级：雌蕊分化期，在中心部分产生突起，出现雌蕊原始体。

(2)苹果的花芽分化时期

0 级：未分化期，生长点平滑不突出，但四周凹陷不明显。

1 级：分化始期，生长点肥大，突起，呈半球形，四周下陷。

2 级：花原始体出现期，肥大的生长点四周有突起的状态，为花原基体。

3 级：萼片形成期，生长点下陷，四周突起，即萼片原始体。

4 级：花瓣形成期，萼片原始体伸长，其内侧基部产生新的突起，即花瓣原始体。

5 级：雄蕊形成期，花瓣原始体内侧基部产生新的突起，即雄蕊原始体。

6 级：雌蕊形成期，花序原始体中心基部产生突起，即雌蕊原始体。

2. 黄瓜的花芽分化时期

0 级：花芽未分化。

1 级：花芽分化初期，黄瓜叶腋处开始分化小圆突状体花芽。生长锥呈圆状突起。

2 级：花萼原基形成期，花芽逐渐变长，并在小突状顶端呈现 5 个花萼原基小突起。

3 级：花瓣原基形成期，花芽呈纺锤形，表面有茸毛，内侧出现花瓣原基小突起。

4 级：雄蕊形成期及雌蕊分化期，花芽先端明显可见 5 瓣花萼，内侧已形成 5 个雄蕊，柱头发育的初级阶段。

3. 万寿菊的花芽分化

取不同发育阶段的小花，剥去外部幼叶，在体视显微镜下观察万寿菊花芽分化各过程。

五、结果与分析

1. 桃和苹果花芽分化的观察

(1)通过观察桃和苹果花芽分化的进程，可以评价不同栽培技术措施促花的效果(表 1)。

表1 桃和苹果花芽分化观察记载表

品种	处理	结果枝号	花芽分化开始节位	各级花芽分化数						
				0	1	2	3	4	5	6
	Ⅰ									
	Ⅱ									
结果分析										

(2)绘制观察到的苹果和桃的花芽切片图，并说明分化时期及花器各部名称。

2. 黄瓜花芽分化及发育的观察

(1)通过观察不同播期黄瓜幼苗的花芽分化可以了解环境条件对花芽分化及发育的影响(表2)。

表2 黄瓜花芽分化及发育观察记载

品种	处理	结果枝号	花芽分化开始节位	各级花芽分化数					花着生节位	雌花/%
				0	1	2	3	4		
	Ⅰ									
	Ⅱ									
结果分析										

(2)绘制观察到黄瓜的花芽切片图，并说明分化时期及花器各部名称。

3. 万寿菊花芽分化的观察

任选万寿菊小花分化的过程，绘制实物图并标注。

（董清华　韩莹琰　曾丽）

实验十　园艺植物开花结果习性的调查分析

一、实验目的

通过田间观察，了解主要园艺植物的开花结果习性，掌握观察和记载开花结果习性的方法，为学习果树修剪和一二年生园艺植物的植株调整打下基础。

二、实验原理

园艺植物种类繁多，开花结果习性差异很大。一二年生植物，生长几个月后就开花结果，一生中只有一次；多年生植物生长到一定年龄才开花结果，一旦开花后，每年到时都会开花结果，直至枯亡。开花结果习性是园艺植物的重要特性，是制定栽培技术的主要依据。

1. 多年生木本植物(以果树为例)的开花结果习性

(1)仁果类　苹果、梨等，花芽为复合芽，多为顶生，也有腋生，以短果枝结果为主。

(2)核果类　桃、李、樱桃等，花芽为纯花芽，全部侧生于叶腋，长、中、短果枝及花束(簇)状果枝均能结果。

(3)浆果类(以葡萄为例)　花芽是混合花芽，侧生于蔓上。葡萄新梢叶腋内有两个芽，即冬芽和夏芽。冬芽形成后一般需通过越冬，次年萌发，开花结果；而夏芽具有早熟性，当年形成当年萌发，有的可以开花结果。

(4)干果类(以核桃、板栗为例)　核桃为雌雄同株异花，雌花是混合芽，着生于枝条顶部及其附近，雄花为纯花芽，侧生于枝条中下部。板栗为雌雄同株同序异花，花芽为混合芽，有完全混合芽和不完全混合芽两种。完全混合芽多着生于结果母枝的顶端及附近，萌发后形成结果枝(具有雌雄花序的枝条)，不完全混合芽着生在完全混合芽的下部或弱枝的顶部，萌发后形成雄花枝。

(5)柑果类　柑橘的花芽为混合芽，侧生于结果母枝的中上部；结果枝可分为无叶顶花果枝、有叶顶花果枝、腋花果枝、有叶花序果枝和无叶花序果枝等类型。

(6)其他　枣的花芽为混合芽，侧生于叶腋间；草莓为纯花芽，原着生于顶端，随着生长转为侧生位置。

2. 主要蔬菜作物的开花结果习性

(1)茄果类　完全花，单生或形成花序，陆续开花结果。①番茄：总状或聚伞花序，着生节间，自花授粉。按花序着生规律可分有限生长型和无限生长型。有限生长型主茎生长至6～7片真叶开始着生第一花序，以后每隔1～2叶形成一个花序，发生2～4层花序后，花序下位的侧芽不再抽枝，而发育为一个花序，使植株封顶；无限生长类型在主茎生长至8～10片叶或更多时出现第一花序，以后每隔 2～3 片叶着生一花序，条件适宜时可不断着生花序开花结果。②茄子：花多单生，个别品种簇生，一般自花授粉。花分为长柱花、中柱花和短柱花，短柱花多不能正常结果。分枝习性为假二杈分枝。每一次分枝结一层果实，按果实出现的先后顺序，称为门茄、对茄、四母斗、八面风、满天星。③辣椒：花单生、丛生或簇生，属常异交作物，其中的短柱花易导致落花落果。分枝结果习性与番茄类似，分无限分枝型和有限分枝型。绝大多数品种属无限分枝型，即主茎长至 7～15 片叶时，顶端现蕾，由其下 2～3 叶节的腋芽抽生出 2～3 个侧枝，花(果实)着生在分杈处，各个侧枝又不断依次分枝着花。有限分枝型主茎生长到一定叶数后，顶部发生花簇封顶，在植株顶部形成多数果实，花簇下面的腋芽抽生出分枝及副侧枝，顶部亦形成花簇封顶，但多不结果。

(2)瓜类　基本属于雌雄同株异花作物，具有连续开花结果特点，容易自然杂交。大多数瓜类蔬菜的分枝能力较强，生产上需要采取整枝打杈措施。以黄瓜为例，植株上可着生雌花、雄花和两性花，常见的株型为雌雄同株型，雌、雄花腋生、单性，雌花具有单性结实能力。黄瓜主、侧蔓均可结果，我国生产中以主蔓结果为主。

(3)豆类　花蝶形，完全花，多数为总状花序，自花授粉，但有一定的异交率。依据茎蔓生长习性分为矮生、蔓生和半蔓生三种类型。①菜豆：矮生型主茎 6～8 节后顶芽形成花芽封顶，属有限生长型，分枝 4～6 个，侧枝上着生的花序较多，开花早，结荚较集中。蔓生型菜豆为无限生长类型，早熟品种分枝 2～4 个，晚熟品种可达 4 个以上，主茎 4～5 节起抽生花序，分枝多着生在第一花序以下，开花结荚期长。②豇豆：矮生种主茎长至 4～8 节后顶端形成花芽封顶，植株矮小，分枝较多。蔓生种主蔓和侧蔓的生长点为叶芽，可不断向上生长，叶腋间抽生侧枝和花序，陆续开花结果。以主蔓结荚的早熟品种第 3～5 节处生第一花序，晚熟品种第 7～9 节处生花序。以侧蔓结荚为主的品种，侧蔓第一节即可抽生花序。

三、材料与用具

(1)材料　选择当地苹果(或梨)、桃(或李、杏、樱桃)、葡萄、柑橘、核桃、板栗等的主要品种为代表，以成年结果枝为调查对象。选择番茄、甜椒、黄瓜、菜豆等蔬菜主要品种类型的开花结果期植株为调查对象。

(2)工具　皮尺、卷尺、游标卡尺、放大镜、镊子、铅笔、纸牌、夹子、牛皮纸袋、曲别针等。

四、实验内容

本实验涉及园艺植物的种类、品种繁多，应根据具体情况，选择一两个种类的主要品种类型，在开花期和结果期进行观察。

1. 苹果(或梨)开花结果习性观察

选不同品种、生长势与结果状况一致的成年结果树若干株，观察苹果混合芽的特点、花序类型及开放的特性；结果枝的类型，包括长、中、短果枝和腋花芽果枝的比例和分布；果苔副梢的长短、多少及成花能力；坐果特点。按表1所列的内容记载并统计每个品种各5个主枝的开花结果状况。

表1　苹果开花结果状况调查

品种	花芽着生部位	花朵数/花序；开放次序	结果枝类型及数目	果苔副梢(有无、多少)	坐果数/花序
1					
2					
3					

2. 桃开花结果习性的调查

观察桃纯花芽的类型，每花芽内花数、叶芽和花芽的排列形式，在各类果枝上的着生位置；识别徒长性果枝，长、中、短果枝和花束(簇)状果枝，以及不同品种的主要果枝类型；结果部位外移的生长习性与枝条更新规律(表2)。

表2　桃开花结果状况调查

品种	花芽和叶芽的排列方式	花朵数/花序	着生位置	结果枝类型及数目	平均坐果率
1					
2					
3					

3. 葡萄开花结果习性调查

葡萄是多年生蔓性植物，葡萄的芽有多种类型，注意观察冬芽和夏芽、主芽和后备芽以及潜伏芽的生长特点；观察结果母枝上花芽所在节位的高低，结果枝上花序着生的节位和每一结果枝的花序数；观察一些品种冬芽副梢和夏芽副梢出现花序的情况；观察花序类型，开花次序，花的结构和每一花序的坐果率(表 3)。

表 3　葡萄不同品种的开花结果状况调查

品种	花芽和叶芽的排列方式	花朵数/花序	着生位置	结果枝类型及数目	平均坐果率
1					
2					
3					

4. 核桃、板栗、柿子开花结果习性调查

3 个树种均是雌雄异花同株，枝条的顶芽为假顶芽。根据表 4 所列的内容填入观察结果，并比较它们开花结果习性的异同点。

表 4　核桃、板栗、柿子开花结果状况调查

品种	雌、雄花序形态及开放次序	着生位置	结果枝上花序数	每一雌花序的花朵数及坐果率	结果母枝状况与雌花序的关系
1					
2					
3					

5. 茄果类蔬菜开花结果习性调查

以番茄、甜椒为例，观察记载花(花序)的形态结构，第一花(花序)的着生节位，各层花(花序)的着生规律及开放顺序；果实着生部位、植株分枝特点以及是否封顶等。选择部分花蕾于开花前套袋隔离，统计自然条件下的坐果率，比较番茄和甜椒开花结果习性的异同(表 5)。

表 5　茄果类蔬菜开花结果习性调查

种类和品种	生长类型	花(花序)形态及着生状态	第一花(花序)着生位置	花(花序)类型及开放顺序	授粉特性与结实能力	花(花序)层数及间隔	果实发育特性
1							
2							
3							

6. 瓜类蔬菜开花结果习性调查

以黄瓜为例，对不同品种的植株各选 5 株，调查属于何种株型，观察记载花的形态结构、第一雌花的着生节位、主蔓和侧蔓的开花结果情况、单性结实能力强弱等指标(表 6)。

表 6　黄瓜开花结果习性调查

品种	植株类型	花的形态与着生状态	第一雌花节位	单性结实能力	主蔓雌花数与坐果率	侧蔓雌花数与坐果率	果实发育特性
1							
2							
3							

7. 豆类蔬菜开花结果习性调查

选择矮生型和蔓生型菜豆的开花期植株各 5 株，仔细观察记载开花结荚特点，包括花序构成和花的结构，开花顺序和结荚率，分枝数目及着生状况，主、侧蔓开花结荚的部位，果实发育阶段及持续天数等(表 7)。

表 7　菜豆开花结果习性调查

品种	生长类型	花序类型及开放次序	每花序花朵数	每花序结荚率	主(侧)蔓结荚位置	果实发育特性
1						
2						
3						

五、结果与分析

依据调查结果，分析比较主要园艺植物开花结果习性的异同点。

（彭福田　魏珉）

实验十一　蔬菜食用器官形态与结构分析

一、实验目的

认识主要蔬菜作物食用器官的形态结构，了解其与环境条件、栽培技术及营养风味等的关系。

二、实验原理

蔬菜作物按照食用器官可以分为根菜类、茎菜类、叶菜类、花菜类和果菜类，各类食用器官在形态结构上存在较大的差异。

1. 根菜类

根菜类蔬菜是以肥大的肉质直根为食用器官的一类蔬菜。肉质直根在外形上分为3个部分。根头部：为短缩的茎部，由幼苗的上胚轴发育而成，上生芽和叶；根颈部：由幼苗的下胚轴发育而成，此部没有叶，一般也没侧根。根部：由幼苗的初生根发育而成，上生侧根。十字花科和藜科的根菜侧根都是两列，伞形科根菜的侧根则为四列。

根菜类的肉质根在解剖学上分为3个类型。

(1)萝卜类型：成熟的肉质根组织由外到内主要为周皮层、韧皮部、形成层与木质部，食用部分主要是次生木质部的薄壁细胞，本类型的主要特点是木质部肥大，韧皮部不发达。十字花科的根菜大头菜、芜菁及芜菁甘蓝等都属于此类型。

(2)胡萝卜类型：结构基本同萝卜型，但韧皮部肥厚，为主要的食用部分。伞形科的胡萝卜、根芹菜及美国防风等属于此类。

(3)甜菜类型：根的内部具有多轮的形成层，每一轮形成层能向内增生木质部，向外增生韧皮部，成为维管束环，环与环之间充满着薄壁细胞，为环状肥大型。根甜菜属于这一类型。

2. 茎菜类

茎菜类以肥大的茎部或变态茎作为食用器官。其分肉质茎类，如莴笋、茭白等；嫩茎类，有石刁柏、竹笋等；块茎类，包括马铃薯、菊芋、草石蚕、山药等；根茎类，主要有姜、莲藕等；球茎类有慈姑、芋等。

3. 叶菜类

叶菜类以叶片及叶柄为食用器官的蔬菜，可分为4类：一是普通叶菜类，主要有小白菜、叶用芥菜、菠菜、芹菜、茼蒿、苋菜、莴苣、叶用甜菜及落葵等；二是结球叶菜类，包括大白菜、结球甘蓝、结球莴苣等；三是香辛叶菜类，主要有葱、韭菜、芫荽和茴香等；四是鳞茎类，含大蒜、洋葱和百合等。

4. 花菜类

花菜类以花器或肥嫩的花枝作为食用器官的蔬菜，可分为花器类，如金针菜等；花枝类，如花椰菜、青花菜、菜薹等。

5. 果菜类

果菜类以果实和种子作为食用器官的蔬菜，可分为瓠果类，如南瓜、黄瓜、冬瓜、丝瓜、苦瓜及瓠瓜等；浆果类，主要有茄子、番茄和辣椒等；荚果类，菜豆、豇豆、刀豆、蚕豆、豌豆和毛豆等属于这一类。

三、材料与用具

(1)材料　选取5类有代表性蔬菜胡萝卜、萝卜、番茄、茄子、辣椒、黄瓜、丝瓜、苦瓜、结球大白菜、结球甘蓝、结球莴苣、白菜、菠菜、芹菜、花椰菜、青花菜、菜豆、豌豆、豇豆、洋葱、大蒜、马铃薯、芋、山药、姜、莲藕、茭白、荸荠、慈姑等的食用器官。

(2)用具　水果刀、放大镜、解剖镜、直尺。

四、实验内容

(1)观察胡萝卜、萝卜的肉质直根，分清根头、根茎、根部的部位。将萝卜和胡萝卜肉质直根横切，观察直根的内部结构。参见图1。

(2)观察马铃薯块茎形状、大小、皮色和肉色、芽眼深浅及分布情况。切取块茎横切面在解剖镜上观察内部构造。取莲藕根状茎观察形状和大小，横切观察

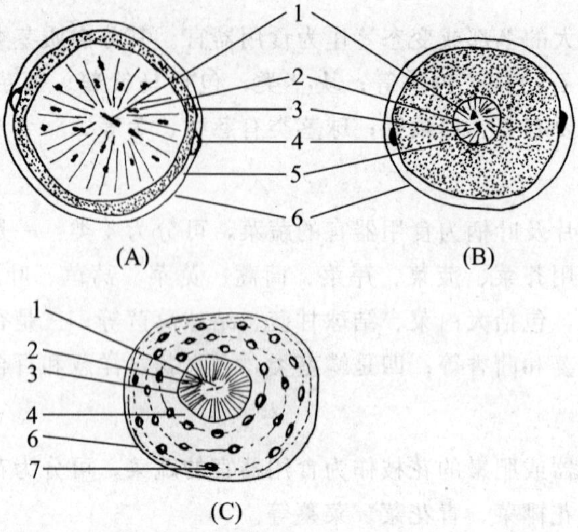

1. 初生木质部 2. 次生木质部 3. 形成层 4. 初生韧皮部
5. 次生韧皮部 6. 周皮 7. 维管束

图 1 萝卜(A)、胡萝卜(B)及甜菜(C)根的横切面

其内部结构。参见图 2 和图 3。

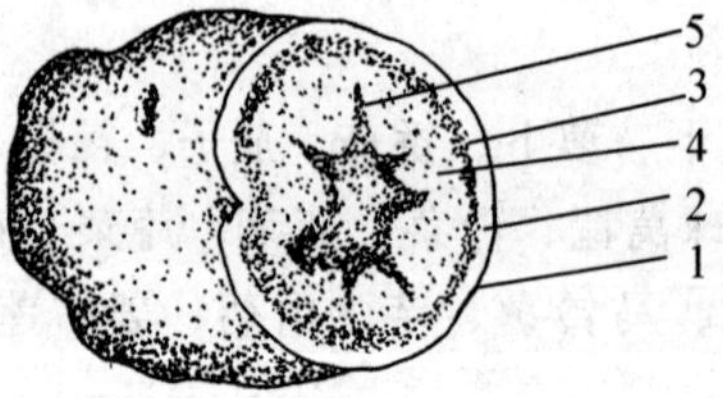

1. 周皮 2. 皮层 3. 维管束
4. 外髓 5. 内髓

图 2 马铃薯块茎的横切面

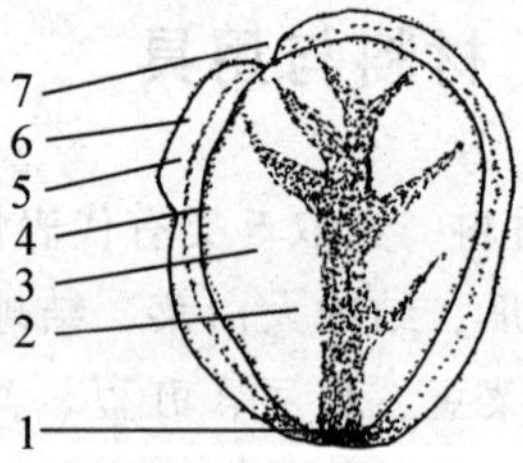

1. 脐 2. 内髓 3. 外髓 4. 维管束环
5. 皮层 6. 周皮层 7. 芽眼

图 3 马铃薯块茎纵切面

(3)取姜的全株根茎观察种姜、母姜、子姜、孙姜和曾孙姜等的着生部位、个数、大小。将母姜、子姜、孙姜分别切下，计取数量，并称重。

(4)取小白菜、菠菜、芹菜植株，观察叶片着生情况、叶片和叶柄的大小和形状。取大白菜、结球甘蓝观察叶球外部形态，纵切观察叶球内部球叶在短缩茎上的着生情况。

(5)取大蒜、洋葱鳞茎，先观察外形，后纵切及横切观察内部结构。参见图4。

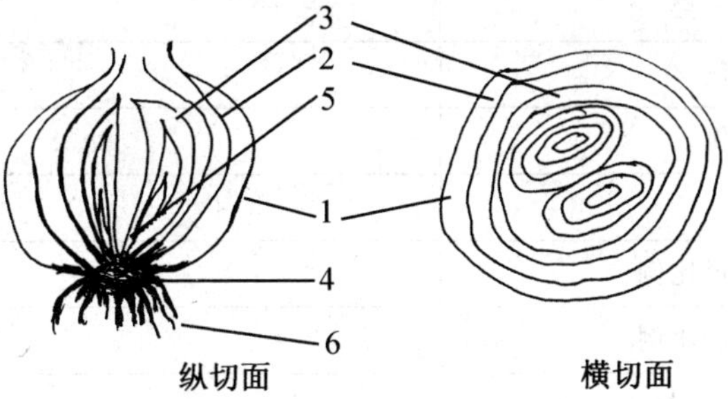

1. 膜质鳞片　2. 开放性肉质鳞片　3. 闭合性肉质鳞片　4. 茎盘　5. 叶原基　6. 不定根

图4　洋葱鳞茎的解剖

(6)取花椰菜和青花菜花球，观察比较其外部形态，将花球纵切，观察花茎分布情况。

(7)观察黄瓜、丝瓜、苦瓜、番茄、茄子及辣椒果实的外部形态，将果实分别横切和纵切，观察内部结构。参见图5。

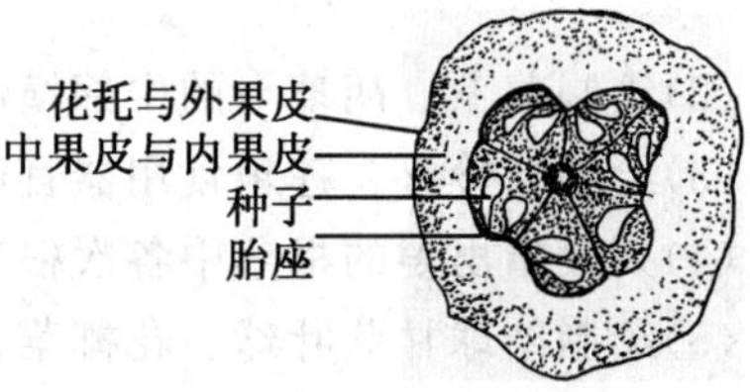

图5　黄瓜果实横切面

(8)观察菜豆、豌豆、豇豆豆荚的外部形态，将豆荚分别横切和纵切，观察内部结构。

五、结果与分析

(1)将实验结果填入表1。

表1　根菜类肉质直根形态特征记载

种　类	
直根颜色(上部、下部、内部)	
侧根排数	
形状	
总长度/cm	
根头占直根比例	

续表1

种类		
根茎占直根比例		
真根占直根比例		
中部直径/cm		
木质部占根直径比例		
韧皮部占根直径比例		
各部分特点	根头	
	根茎	
	真根	

(2)绘制萝卜、胡萝卜的中部横剖面图，并注明各部位名称。
(3)绘制马铃薯、莲藕食用器官简图，并注明各部分名称。
(4)列表指出姜的根茎中各次根茎的质量占总质量的百分数和个数。
(5)绘制结球甘蓝叶球、花椰菜花球的纵切面图，并注明内部结构。
(6)绘制洋葱、大蒜鳞茎的纵切面图，并注明内部结构。
(7)绘制黄瓜、番茄、辣椒果实的纵、横切面图，并注明内部结构。
(8)绘制菜豆、豌豆豆荚的纵、横切面图，并注明内部结构。

(韩莹琰)

实验十二 园艺植物砧木种子生活力的测定与层积处理

一、实验目的

掌握园艺植物砧木种子生活力测定及种子层积处理的方法。

二、实验原理

种子的休眠是指有生活力的种子即使吸水并置于适宜的温度和通风条件下也

不能发芽的现象。北方落叶果树及一些观赏木本植物的种子大都具有自然休眠的特性，而解除种子的休眠使种子通过后熟阶段需要一定的综合条件和时间。种子的层积处理是种子在适宜的外界条件下使种子完成种胚后熟和解除休眠促进萌发的一项措施。因处理时常以河沙为基质与种子分层放置，故又称沙藏处理。层积处理多在秋、冬季进行。多数北方落叶果树及一些观赏木本植物需要在2～7℃的低温、基质湿润和氧气充足的条件下，经过一定的时间完成其种子后熟阶段。层积后熟时间长短主要由不同树种的遗传特性所决定，如八棱海棠需40～60 d，杜梨需60～80 d，山桃需80～100 d，月季需60～90 d，山樱桃需180～240 d。

三、材料与用具

(1)材料　砧木种子(八棱海棠、杜梨、山桃等)、干净河沙、层积容器(木箱或花盆)、0.5%TTC(氯化三苯基四氮唑)溶液、染色剂(0.1%靛蓝胭脂红或曙红或5%红墨水)。

(2)用具　烧杯(500 mL)、培养皿、镊子、水桶、笊篱(漏勺)等。

四、实验内容

1. 层积前砧木种子生活力测定

园艺植物砧木种子层积前需进行种子生活力测定，以鉴定种子发芽的潜在能力，为层级后播种时确定播种量提供参考。常用的方法有目测法、TTC(氯化三苯基四氮唑)法、靛蓝染色法。

(1)目测法　直接观察种子的外部形态，凡砧木种子大小均匀、种粒饱满，千粒重较重，有光泽，无霉味，剥去种皮后，胚和子叶呈乳白色，不透明，有弹性的种子为有生活力的种子。反之，则为失去生活力的种子。

(2)TTC法　取种子100粒剥皮，剖为两半，取胚完整的片放在培养皿中，倒入0.5%的TTC溶液中淹没种子，置30～35℃黑暗条件下3～5 h，具有生活力的种子胚芽及子叶背面均能染色，子叶腹面染色较轻，周缘部分染色深；反之，为失去生活力的种子。

(3)靛蓝染色法　取砧木种子100粒，将种子浸入水中10～24 h，待种子吸胀后，小心剥去种皮，浸入0.1%靛蓝溶液(也可用0.1%曙红溶液或5%红墨水)中2～4 h，取出用清水洗净观察种子上色情况。凡胚芽和子叶完全染色的，为失去生活力的种子；胚芽和子叶没有染色的，为有生活力的种子。

2. 砧木种子的层积处理

准备干净河沙，沙的湿度以手捏成团不滴水为度，约为沙最大持水量的50%。小粒种子河沙用量为种子的3～5倍，大粒种子河沙用量为种子的5～10倍。将种子倒入盛有清水的水桶内，充分搅拌，捞去漂浮水面的瘪粒和杂质。然后用筚从内捞取下沉的种子，倒入装有河沙的容器内，充分混合。再在表面盖一层厚约6 cm的湿沙，上插标签。注明种子名称、层积日期和种子数量。放于冬季无取暖设备的房屋内，或地下室及菜窖内，温度最好保持2～7℃。层积处理的天数因种类不同而异，如八棱海棠40～60 d，毛桃80～100 d，山楂200～300 d。层积期间，须保持温湿度。春暖时需进行翻拌，以防下层种子发芽或霉烂，并注意防止鼠害。

若层积的种子数量较大，可在室外背阴高燥处进行挖沟层积。选排水良好的背阴处，挖深50～100 cm，宽40～50 cm的沟，长宽可随种子的数量多少而定。沟底先铺5 cm厚的湿沙，然后把已拌好的种子放入沟内，最上覆一层湿沙，然后覆土20～30 cm，并高出地面呈土丘状，以利排水。

五、结果与分析

1. 砧木种子生活力的测定

统计有生活力的种子数占供试种子数的百分率，对比分析3种方法实验结果的差异(表1)；也可设计不同处理比较种子生活力的差异。

表1 种子生活力测定记载

砧木名称	处理	供试种子数	有生活力种子数	有生活力种子/%
	Ⅰ			
	Ⅱ			
	Ⅲ			
结果分析				

思考题：为什么失去生活力的种子在0.1%靛蓝溶液能着色而在TTC液中不能着色?

2. 种子的层积处理

通过测定层积后种子的发芽率来鉴定层积的效果；也可在层积过程中测定种

子的发芽率，从而确定种子的层积温度和层积天数(表 2)。

表 2　种子层积处理记载

砧木名称	处理	层积种子数	萌发种子数	种子发芽率/%
	Ⅰ			
	Ⅱ			
	Ⅲ			
结果分析				

思考题：果树及一些木本观赏植物的砧木种子为什么要进行层积处理后才能发芽?

(董清华)

实验十三　园艺植物的浸种催芽与播种

一、实验目的

将精选和处理过的繁殖材料(或播种材料)以一定的方式和方法插入或播入土中或其他基质中，称为播种。播种质量关系到成苗数、苗的整齐度及质量，进而影响到产品产量、品质、商品性等性状。由于园艺植物多为集约化生产，单位面积经济效益较高，因此提高播种质量尤为重要。播前浸种催芽，可充分满足园艺植物种子萌发所需水分，并在人工控制的温度、水分及空气等条件下，促使种子发芽快而整齐，以提高播种质量，实现高效优质生产的目的。

二、实验原理

1. 浸种前处理

(1)机械破皮　山楂、樱桃、山杏等种皮坚硬、不透水，少量种子可用砂纸磨或锤砸、碾子碾及老虎钳夹等破开种皮，以利透水、透气，大量种子则可用特殊的机械破皮机。

(2)化学处理　酸枣、花椒、山楂等种壳坚硬或种皮有蜡质，可浸入10%氢氧化钠溶液中，经过短时间处理，使种皮变薄，蜡质消除，透性增加，以利萌芽。

2. 浸种

浸种是将待播种子用清水浸泡一定时间，使种子吸水膨胀。根据园艺植物种类、种皮结构、种子吸水特点等不同，选择合适的水温和浸种时间。

(1)凉水浸种　夏季高温季节多用凉水(25～30℃)浸种。

(2)温水浸种　所用水温为病菌致死温度55℃，用水量为种子量的5～6倍。浸种时种子要不断搅拌，并随时补给温水保持55℃水温，经10 min后，使水温降低。喜凉园艺植物类为20～22℃，喜温类为25～28℃。浸种时间豆类1～2 h；白菜类、萝卜4～5 h；茄果类8～12 h；芹菜、胡萝卜、菠菜24 h。

(3)热水烫种　山杏、冬瓜、黄瓜、苦瓜、西瓜等难以吸水的种子，可用70～75℃水温烫种。预先准备2个容器，放入不超过种子量5倍的水，后加入充分干燥的种子，使热水在2个容器内来回倾倒，直至水温降到55℃时，改为不断地搅动，10 min后用温水浸种。

(4)变温浸种　核桃、山桃、山楂、油松等硬壳种子，在沸水中(90～100℃)浸数秒钟，在流水中浸泡2～3 d。

3. 催芽

常温下易发芽的种子，可将浸种后的种子置于适温下催芽，应控制催芽温度、催芽时间及通气量，保证发芽快而齐；难发芽种子可用0.3%聚乙二醇、0.1%硫脲等浸种促进种子发芽。

(1)沙子催芽法　将淘洗干净的河沙开水烫后，晾成半干，与已浸泡过的种子混合，种子与河沙为1∶(1～5)，混匀后置于干净的瓦盆里，在适温下催芽。如薯芋类蔬菜的催芽可采用此方法。

(2)瓦盆催芽法　将浸泡的种子晾成半干，放在洁净无油的瓦盆里，上盖清洁的白布或纱布、麻袋等，置于温室的烟道上、火炕上或室内温暖处，适温下催芽。每2～3 h上下翻动一次，使种子受热均匀。

(3)吊袋催芽法　把泡好的种子晾成半干，装在洁净的纱布袋里，吊在温室中柱等适温处，每隔2～3 h用手在袋子上触动几次(种子只装1/2～2/3)，使袋内种子上下翻动，达到水分和受热均匀一致。

(4)水袋催芽法　用橡胶水袋或塑料袋，袋内装2/3 30℃左右的温水，把已浸泡膨胀的种子装入洁净的白布或纱布袋里，置于热水袋上，外面盖上洁净的湿毛巾，保持水温处于种子发芽所需适宜温度范围。

4. 播种

不同园艺植物要做到精量播种，须考虑播期、播种方式、播种量、播种深度及播种方法等。

(1)播种期　根据各种园艺植物种类和品种特性、气候条件、栽培方式及市场需求而定。露地栽培者应把旺盛生长期和产品器官形成期安排在气候适宜的月份；育苗移栽者的播期要根据幼苗定植日期、采用的育苗设施及培育成苗所需天数推算。

(2)播种量　根据园艺植物种类、种子质量、播种方式和方法、密度、播种季节及自然灾害等条件确定。

条播和点播的播种量(g/667 m^2)用以下方式计算：

$$播种量=\frac{[667m^2/(株距\times行距)]\times每穴株数}{每克粒数\times纯度\times发芽率}$$

(3)播种深度　根据种子大小、土壤质地、土壤湿度、温度及气候条件等综合因素确定播种深度，一般覆土厚度为种子大小的5～7倍。此外，沙质土播种宜深；土壤湿度较大、温度适宜时宜浅；气候干燥宜深，湿润季节宜浅。

(4)播种方法

①撒播　菠菜、小葱、韭菜、海棠、山定子等小粒种子多用撒播。撒播应均匀，以筛过的土稍埋住种子为度。

②点播(穴播)　桃、杏、核桃、板栗、龙眼、荔枝及豆类等采用点播。先整好苗床，开穴，每穴播种2～4粒，待出苗后根据需要确定留苗株数。

③条播　在苗床或垄上按一定距离开沟，沟底宜平，沟内播种，覆土填平。苹果、梨、白菜、萝卜、胡萝卜等多采用条播。

三、材料与用具

(1)材料　种子(选择十字花科、葫芦科、豆科等蔬菜播种材料；一二年生草花种子；海棠、山定子、核桃、板栗、桃、杏等实生苗播种材料)、果实(选用菊科、藜科、伞形科等园艺植物播种材料)。

(2)用具　温度计、瓦盆或塑料盆、纱布袋或麻袋、碗(或杯)、水袋、筛、铁锹、木锹和水等。

四、实验内容

1. 浸种

种子洗净后，置于容器内浸种，2～3 h 换水一次，去除黏液及杂质等。浸种温度与时间因植物种类而异。选择 2～3 种瓜类或十字花科蔬菜种子 10～20 粒在 25℃、30℃、40℃下浸种 2 h 或 3 h，比较不同时间或温度下的发芽速度及发芽率。

2. 催芽

种子浸种后，取出清水洗净，除去种子外部吸附的水分和黏液，覆以潮湿的纱布或麻袋片等，置于适温处催芽。为保证氧气供应，种子内须保持松散状态，且每 4～5 h 松动种子一次，以利换气。当 75％左右种子破嘴或露根时，即停止催芽。选取 2～3 种瓜类作用应用上述 4 种催芽方法催芽，观察不同催芽方法种子发芽情况。

3. 播种

播前苗床先浇足底水，待水渗下后，在床面薄施一层过筛细土，填平播种床不平之处，并防止播种时泥浆粘住种子，影响出芽。播种后立即覆一层细土，覆土厚度依种粒大小决定，厚度范围为 0.5～2 cm。选取 2～3 种瓜类和十字花科类蔬菜播种后分别覆土厚 0.5 cm、1.0 cm、2.0 cm、3.0 cm、5.0 cm，观察种子的发芽情况。

五、结果与分析

(1)分析 4 种浸种法应用范围与关键环节。

(2)对比不同催芽处理优缺点及技术要点。

(3)按表 1 记载园艺植物浸种催芽过程。

表 1　浸种催芽过程

种子名称	浸种		催芽		
	水温	浸种时间	温度	出芽所需时间	发芽势

(4)比较几种播种法的优缺点，分析本实验中播种技术关键。

(5)分析不同浸种、不同催芽、不同播种方法种子的发芽情况，并提出合理的浸种、催芽及播种方法。

（范双喜）

实验十四　园艺植物育苗营养土配制与床土消毒

一、实验目的

了解园艺植物育苗营养土的组成、配制、应用以及床土消毒方法等。

二、实验原理

园艺植物育苗期间，幼苗密度大，吸收养分多，加上幼苗根系比较细弱，吸收能力不强，若土壤结构不良或营养不足，将严重影响秧苗的生长发育。为此，常常对园艺植物育苗特别是蔬菜育苗和花卉生产中的育苗基质进行人工配制。园艺植物育苗的基质种类很多，其中育苗营养土就是用田园土和腐熟的有机肥按一定的比例混合，并添加少许氮磷钾等化学肥料配制而成。

园艺植物对育苗营养土的要求是：营养成分完全，具有氮、磷、钾、钙等主要元素及必要的微量元素；理化性质良好，具有良好的排水透气性能和保水保肥能力，平时不开裂，湿时不黏结成团；酸碱度适宜，微酸性或中性，pH 值以 6.5～7.5 为宜；且土壤中不含有害物质，无病菌虫卵，以防病虫危害；并保证营养土质疏松，重量较轻，以便于搬运和管理，移植时伤根少，定植后缓苗快等。

为了减少苗期病害，杀灭病原菌，常常要对育苗床土进行消毒。

(一)营养土配制

园艺植物育苗营养土的配制就是将园土、腐熟有机肥及无机肥等按一定比例混匀制成适宜园艺植物幼苗生长发育的培养土。营养土配制原则上应因地制宜，就地取材。营养土的成分包括园土、腐叶土、泥炭土、谷壳、充分腐熟的粪类及其他农家肥、有机质堆肥、河泥、塘泥、炭化稻泥、草炭、稻壳、木屑等有机物，并加入适量化肥、农药等。

园土要选用理化性质好、无病菌虫卵，最好是未种植过与所育秧苗同科植物的田园土，以水稻土、塘泥或火烧土等为好，打碎过筛备用。有机肥可选用充分腐熟的马粪、鸡粪、猪圈粪、秸秆肥等优质肥料，并打碎过筛。切忌用生粪、块粪，以免发生烧根。有机肥和园土可按 4∶6 或 3∶7 等体积混匀，最好加施些过磷酸钙、硫酸钾、草木灰、磷酸氢二铵等无机肥，以保证营养土营养充足。

育苗用营养土还分为播种用营养土和分苗用营养土两类。播种用营养土应配制得疏松轻软一些，以利于幼苗发根及拔苗抖土，一般是有机肥和园土按 5∶5 或 4∶6 的体积混合，若土质较黏可掺入适量木屑、稻壳、炉灰渣或多掺些腐熟的马粪等。分苗用营养土其土质应有一定黏度，以防起苗散坨，一般是有机肥和园土按 4∶6 或 3∶7 的体积混匀，若土壤沙性大可掺入一些牛粪或黏土等。育苗营养土中添加速效性化肥，每立方米可加尿素 250～300 g、磷矿粉 500～1 000 g（或过磷酸钙 1 500～2 500 g）。如果有机肥只是用腐熟马粪或秸秆草肥等，没有圈肥等高效粪肥，也可用锯末、炉灰等填充物代替，但化肥需略多一点，每立方米可加入尿素 300～500 g、过磷酸钙 2 000～3 000 g 等。施用化肥要准确适量、研磨撒匀，防止过量或结块使用。

育苗营养土总体要求质地疏松、通气，排水、保水保肥能力强，重量轻，养分丰富、完全。一般要求有机质含量不低于 5%，土壤酸碱度（pH 值）为 6.5～7.5，每立方米土风干重不超过 1.5 g，速效氮、磷、钾的含量分别不低于 0.1%、0.2%和 0.15%。质地疏松、透气，以利于根系的生长发育和根际菌类活动；排水好，不会因积水导致根系腐烂；保水好，持肥能力强，可保证充足的水分和肥料供应幼苗生长发育所需。另外因泥炭土中含有丰富的天然植物生长激素胡敏酸，用其配制的花卉等营养土特别适用于扦插苗产生愈伤组织和发根，可以大大提高扦插繁殖苗木的成活率。

营养土配制好后，填入苗床，一般 5～8 cm 厚，并将苗床整平、压实、耙平待用。亦可将营养土做成营养土方或装入育苗盘、营养钵中使用。

各地可根据当地情况以及园艺植物的种类，适当调整营养土组成成分、配比，以保证育苗营养土的质量。

（二）床土消毒

床土消毒就是通过理化方法等对配制好的营养土以及苗床进行处理，以达到控制病虫草害的目的。

(1)物理消毒法　可采用太阳能消毒。将配制好的营养上放在清洁的混凝土地面上、木板上或铁皮上，平摊，曝晒 3～15 d，即可杀死大量病菌孢子、菌丝以及一些虫卵、害虫、线虫等。蒸煮消毒法是把配制好的营养土放入适当的容器中，蒸煮消毒 30～60 min，然后滤去水分晾干到适中湿度即可，此法只适合于经济价值较高的作物在苗床上小面积施用。

(2)化学消毒法　床土消毒以药剂消毒最常用。常用的药剂有福尔马林、多菌灵、福美双、甲霜灵、代森锰锌等。用 0.5%福尔马林喷洒床土，拌匀后堆置，用薄膜密封 5～7 d，揭去薄膜待药味挥发后即可使用；50%多菌灵粉剂每立方米床土用 50 g，或 70%代森锰锌粉剂 40 g，拌匀后用薄膜覆盖 2～3 d，揭去薄膜待药味挥发后即可使用；也可用氯化苦及甲醛等药剂进行床土消毒。

三、材料与用具

园土、腐熟有机肥、无机肥、药剂、铁锹、四齿等。

四、实验内容

1. 园土及有机肥准备

营养土所用的园土应选择近年来未种过同类作物的大田土，以沙壤土最佳。也可取种过葱蒜类和刚种过豆类作物的土壤。取土时最好取 15 cm 左右厚肥沃的表土，经翻晒过筛备用。所用的有机肥主要有猪粪、马粪、鸡粪、人粪尿等，要充分发酵腐熟，捣碎过筛备用。

2. 营养配制

根据需要采用已准备好的有机肥 4 份、田土 6 份，即 4∶6 配制比例。为了提高氮、磷、钾的含量，每立方米营养土中加入腐熟捣碎的大粪(干)或鸡粪 15～20 kg，尿素 250～300 g，磷矿粉 500～1 000 g(或过磷酸钙 1 500～2 500 g)，草木灰5 kg,充分搅拌混匀即可。设计不同的营养土配方，进行瓜类蔬菜如黄瓜、西葫芦的育苗，比较育苗效果。

3. 营养土酸碱度调节

大多数园艺植物的秧苗生长适宜于微酸到接近中性范围内，如番茄、茄子、黄瓜等秧苗生长适宜的 pH 值为 5.5～7.0。如果酸度过高时，可在培养土中掺入一些石灰粉或增加草木灰的比例。若碱性过高时，可加入适量的硫酸铝、硫酸亚铁或硫磺粉等。施氮肥时适当选用硫酸铵，亦可使土壤碱性降低，酸度增加。

4. 营养土湿度调节

营养土的湿度大小直接影响床土中的空气含量以及床土的温度、肥料的分解利用和秧苗的吸水能力等。秧苗生长发育的不同时期对土壤含水量要求也不同，可根据种植作物以及天气和室温等情况，灵活掌握浇水次数和水量，从而控制营养土的湿度大小。以平时不开裂、湿时不黏结成团为佳。若土质过于疏松，可增加牛粪或黏土；若土质过于黏重，应掺入有机堆肥或木屑等。然后铺于苗床或装于营养钵等中。

5. 床土消毒

采用物理或化学的方法对配制好的营养土进行消毒处理。

五、结果与分析

(1)按照操作程序，学会营养土的配制方法以及床土的消毒方法。

(2)试分析播种用营养土和分苗用营养土的异同之处。

(3)总结分析所配制的育苗营养土的特点以及其理化特性。

(4)设计不同营养土配方进行瓜类作物育苗，观察幼苗的生长质量。

（侯雷平）

实验十五　园艺植物穴盘育苗技术

一、实验目的

掌握园艺植物穴盘育苗原理、技术及基本操作。

二、实验原理

穴盘育苗技术是指采用草炭、蛭石等轻基质无土材料做育苗基质，机械化精量播种，一穴一粒，一次性成苗的现代化育苗技术。穴盘苗就是在穴孔中培育出的可移植幼苗。穴盘育苗技术突出优点是节能、省工省力、效率高、适合远距离运输和机械化移栽，同时有利于推广优良品种，提高商品苗质量。构成穴盘育苗的生产要素是种子、穴盘、介质、温度、光照、空气、水和肥料。

穴盘育苗过程一般人为划分为 4 个阶段：①第一阶段(从播种至胚根出现)，首先是播种，包括种子选购、介质和穴盘选择、穴孔填料、穴盘上贴标签、打孔、播种、覆盖和浇水等过程。该过程要求种子富有生活力且纯净，发芽率应大于 90%。常用育苗基质主要成分为泥炭，添加剂多为蛭石和珍珠岩。根据种子大小、形状、园艺植物特点和育苗要求选择不同规格的穴盘。大部分园艺植物在该阶段均需保持较高的湿度和温度。②第二阶段(从胚根出现至子叶展开)，不同园艺植物幼苗生长需要不同的温度、湿度、光照和空气等环境条件，当胚根出现时，需适当降低湿度，促使根向下生长，使胚轴不徒长。③第三阶段(从子叶展开至具有 4～6 片真叶的成品幼苗形成)，种子萌发到第一片真叶展开前可不施肥，在生长期则根据种苗长势及时浇水和施肥，可定期施 0.1%～0.2%的复合肥；水分管理的原则是“见干见湿”；还需调整植物生长需要的适宜光照与温度；空气湿度的大小也直接影响植物的生长发育，采用通风的方式降低湿度，喷水和喷雾来增加湿度；病虫害防治，以防为主，可定期喷施广谱性杀菌剂；合理使用植物生长调节剂，如常使用比久、矮壮素、多效唑等，达到幼苗矮化的作用。④第四阶段(为运输或短期存放而进行的炼苗过程)，当种苗达到符合运输标准或移栽前进行 1～2 周的炼苗，加强光照和通风，适度控制水肥，控制幼苗高度，通过炼苗而能适应长途运输和大田环境。

穴盘育苗不同阶段对环境和种植条件要求不同，最关键时期为第一阶段和第二阶段，这两个时期湿度、氧气、温度及光照的调控对穴盘育苗的成败至关重要。调控总的趋势是：从第一阶段—第四阶段，温度由高到低，湿度由高到低，光照由低到高，养分由低到高。

三、材料与用具

(1)材料　根据本地气候条件，选择常用的一二年生的园艺植物种子。可选用甘蓝、叶用莴苣、万寿菊、一串红、三色堇、紫罗兰等。

(2)用具　温室、不同规格的穴盘、介质、浇水及施肥工具、植物生长调节剂、杀菌剂等。

四、实验内容

1. 一二年生花卉穴盘育苗技术

以万寿菊种子为例，穴盘育苗方法及步骤如下。

(1)选择穴盘　一般选用128孔穴盘，穴孔数目越多对环境变化越敏感。

(2)准备基质　基质为草炭∶蛭石＝3∶1(体积比)，用稀 H_2SO_4 调节pH值至6～6.5；将基质混匀，采用多菌灵消毒，湿润基质，湿度为50%～70%，以手握见湿但不挤出水分为宜。

(3)填充基质与播种　将基质填充到每一穴孔，各穴孔填充程度一致，且基质不超出穴孔，用手指或小棍在穴孔中间挖深1 cm的小孔；将种子放置到小孔中，覆盖约1 cm的基质，切忌覆盖太厚，以免种子不能萌发。

(4)覆盖　浇透水，将穴盘放置到苗床上，覆盖塑料膜，保水保温，湿度控制在80%～90%，温度22～26℃。

(5)苗期管理与记录　播种第3天种子开始萌发，一般齐苗期为7 d，即可统计种子发育率；当子叶展开时，揭开塑料膜，增加光照；温度控制在18～22℃，湿度降低，稍干；当第一片真叶出现后，可每7～10 d施肥一次，施肥浓度为0.1%；浇水方式"见干见湿"；如育苗期室内温度高，注意防治病虫害，可每7～10 d喷杀菌剂。每7 d观察幼苗生长情况并记录。育苗期约35 d，成苗标准为5叶1心至6叶1心，测量成苗的根冠比(根重/冠重)和壮苗指数(茎粗/株高×全株干重)。

(6)育苗过程中常见问题　若低位叶变黄或叶缘变棕色或干枯，可能是pH值过低(5.5～6.0)；叶片过量生长，可能是基质太湿或施用过多的氨态氮；基质过干或使用过多的生长调节剂可使植物花败育。

2. 蔬菜穴盘育苗技术

以叶用莴苣为例，穴盘育苗方法及步骤如下。

(1)穴盘选择　采用288孔穴盘(成苗标准为2叶1心)，128孔穴盘(成苗标准为4叶1心)。

(2)育苗基质的选择与配制　草炭∶蛭石∶珍珠岩＝3∶1∶1(体积比)，采用100 g/m^3 多菌灵消毒，混匀，湿润。

(3)播种　叶用莴苣种子长形，播种方式同万寿菊。

(4)苗期管理　育苗温度白天22～25℃，夜间10～12℃；空气湿度40%～60%，pH值6.0～6.9，苗期约28 d。每7 d观察幼苗生长情况并记录。测量成苗的根冠比(根重/冠重)和壮苗指数(茎粗/株高×全株干重)。

(5)育苗技术要点　控制湿度，注意通风，喷施杀菌剂，防治病害发生；调节昼夜温差，控制湿度，适当增加光照，防治徒长。

五、结果与分析

(1)根据测量和记录分别填写万寿菊和叶用莴苣在育苗过程中幼苗的生长情况(表1)。

表1　园艺植物幼苗生长调查

植物名称	播种时间	出芽时间	发芽率	子叶展平时间	第一片真叶形成时间	第二片真叶形成时间	第三片真叶形成时间	第四片真叶形成时间	第五片真叶形成时间	根冠比	壮苗指数
万寿菊											
叶用莴苣											

(2)结合实验结果与参考文献，分析穴盘育苗的优缺点，并总结出优质穴盘苗基本特征。

(曾丽　范双喜)

实验十六　园艺植物扦插技术

一、实验目的

了解园艺植物扦插育苗的原理，掌握扦插育苗的基本方法。

二、实验原理

扦插繁殖是利用园艺植物器官的再生能力，以植物的根、茎、叶等为繁殖材料，将其插入基质中，给予一定的条件使其再生成完整的独立个体。当剪断的枝条插入基质中后，经过一定的时间，枝条内能形成根的原始体，然后发育生长成不定根，而用根作插条，则根分化出不定芽，从而长成茎叶，叶片做插条可以形成不定根和不定芽。再生不定根和不定芽的能力与园艺植物的遗传特性有关。生产上常选用再生能力强的园艺植物，提供适宜的生态环境条件进行扦插育苗。

三、材料与用具

(1)材料　葡萄、石榴、月季等园艺植物插条。

(2)用具　修枝剪、手锯、塑料薄膜、生长调节剂(ABT 生根粉、萘乙酸、吲哚丁酸)、扦插基质、全光喷雾设备等。

四、实验内容

1. 普通硬枝扦插

(1)苗床整理　选择地势平坦、土层深厚、土质疏松肥沃、同时有灌溉条件的地方，秋冬季土壤深翻 40 cm，结合深翻，每 667 m^2 施有机肥料 3 000 kg，并进行冬灌。早春土壤解冻后及时耙地保墒，按宽 1 m、深 30 cm、长 10 m 的规格整修苗床，浇透水，铺设一层农用薄膜，四周拉紧，并用土埋严，待用。

(2)插条采集　选取品种纯正、健壮、充实、芽眼饱满、无病虫害的一年生枝条，剪成 50～80 cm 长的枝段，每 50 根为一捆，挂上标牌(注明采集地点、品种、时间和采集人)，运回室内贮藏，也可室外地下贮藏。

(3)插条剪截　3 月下旬至 4 月上旬取出贮藏的插条洗去泥沙，葡萄枝条剪成长 15 cm 左右，每段具有 3～4 个芽。基部切口在芽下近节部位呈马蹄形，上端剪口距芽 1～2 cm 处平剪。石榴枝条上端距芽眼 1.5 cm 左右平剪，下端于节下 1.5 cm 处剪成马耳形，插条长 20 cm 左右。剪好的插条每 30 根一捆，斜面朝下，放置清水中浸泡 12 h 后，用药液处理。

(4)插条处理　分别配制 ABT 生根粉、萘乙酸、吲哚丁酸 100 mg/kg 和

500 mg/kg 溶液。处理 1～3：ABT 生根粉、萘乙酸、吲哚丁酸 100 mg/kg 溶液浸泡插条 2 h；处理 4～6：插条下端在 ABT 生根粉、萘乙酸、吲哚丁酸500 mg/kg溶液中浸泡 10 s；处理 7～8：分别用蒸馏水浸泡 2 h 与用蒸馏水浸插条下端 10 s。

(5)扦插与插后管理 按株距 10 cm、行距 25 cm 直接穿破地膜扦插，插条向北稍倾斜，地膜上留 2 个芽眼，每处理扦插 1 000～2 000 条。扦插结束后浇透水，6 月下旬选留一壮梢，其余萌蘖抹去，并统计成活率。

2. 催根营养袋单芽扦插

(1)插条处理 选择枝条充实、芽体饱满的一年生枝条，在每个芽上方 1 cm 处平剪，芽下方 3～5 cm 处斜剪，如节间短(不足 4 cm)也可平剪，上下剪口一定要平滑，芽段不小于 4 cm。将剪好的单芽段每 20 个长短一致的芽段捆成一捆，理齐芽段基部在清水中浸泡 12 h，捞出，控水，将插条下端 2～3 cm 插入 100 mg/kg ABT 溶液 2 h。

(2)电热线加温催根 首先整好温床，温床宽 1.2～1.5 cm，长 5～7 m，深 0.15～0.2 m，床底及四周压实整平后铺 10 cm 后的锯木屑或沙子，上布电热线，电热线上再铺 5 cm 厚的湿沙。然后将药液处理过的芽段挨个插在电热床上。插入深度为 3 cm 左右，即芽段基部靠近电热线，然后用温水(15～20℃)喷透，后通电逐渐升温：第 1 天温度控制在 15℃，第 2 天温度调控到 20℃，第 3 天升温到标准温度 25～28℃，11～13 d 后完成催根过程。在催根过程中注意不要把芽插入沙中，后期可适当补充沙使沙面接近芽，其目的是让枝条基部处于较高温度(25～28℃)，而芽处于较低温度(气温 6～12℃，最高不超过 15℃)，同时要经常喷适量温水保持沙床湿润。最终达到基部形成根原体、芽处于萌动状态的目的。

(3)温室营养袋扦插 营养袋一般高 15～16 cm，直径 6～8 cm，袋底一定要剪有直径 1～1.5 cm 的小孔，以利于排水和透气。营养土由土、细沙、有机肥、过磷酸钙按 3：1：2：0.25 比例混合而成。苗床宽 1.2～1.5 m，床埂用砖夯实或用砖垒起，埂宽 24～30 cm，床面一定要平整。苗床整理好后，将装满土的营养袋整齐摆在苗床上，袋与袋之间挨紧，袋体平放，扦插前给营养袋喷水，使营养土湿润，以免扦插时伤根原体。催根过程完成后，温床逐渐降温，并炼苗 2 d，然后将苗段直接插在已摆好的营养袋中央，注意插条的顶芽与袋的土面相平；为了不伤根原体，先用小棍在营养袋土中央捅一小孔，然后把插条顺孔插入土中并压实。插完后，第 2～3 天先用喷雾器喷水，待适应后，用反渗法灌一次透水。同时，最初 4～5 d 棚内气温控制在 20℃左右，使芽萌发整齐；1 周后白天温度保持在 20～25℃，最高不超过 30℃，要适当揭膜通风控温，晚上封棚，夜温保持在10℃以上。

3. 普通绿枝扦插

绿枝扦插以夏季6月上旬至7月中旬成活率较高。选取生长健壮、无病虫害植株采集插条，最好“随采集，随扦插，随浇水，随遮阴”。插条应是半木质化的新梢，剪成12 cm左右的插段，每插段只保留上端2片叶，其余叶片剪掉。选排水透气良好的沙壤土地块做畦，畦宽1 m，长3～4 m。扦插深度为插条长度的1/3，株行距3 cm左右。扦插后随即用细眼喷壶浇透水，并搭遮阳棚，棚高1～1.5 m，遮阳材料用草帘或遮阳网，一般晴天早8时开始遮阴，下午5时卷帘，待幼苗逐步适应自然环境后(约10 d)撤除遮阴物。扦插后半个月内要保持畦面土壤湿润，发现叶片下垂时应及时向叶片喷水。待插条愈伤组织长好后，应控制浇水量，见干再浇，以促进根系生长。

4. 全光喷雾扦插

(1)机械设备　主要包括供水箱、离心水泵、自控仪、悬臂、喷头等。按使用说明书安装好设备。

(2)苗床建造　选在水源、电源附近，无高大建筑物挡光的地方建床，苗床呈圆形，直径与悬臂等长，一般10～14 m。边缘用砖砌成高4 cm、宽20 cm的围墙，拦挡沙子。床底层铺厚10 cm的小石子，中层铺直径0.3 cm左右的粗沙，厚5 cm，上层盖直径0.1 cm的细沙，厚10 cm，中心比外缘高20 cm。

(3)葡萄新梢采集与扦插　6月上旬地温达25℃，葡萄新梢达半木质化时进行，至8月中旬气温明显降低时结束。阴天或早晚结合修剪采集健壮、无病虫害、半木质化的新梢，在阴凉处将新梢剪成长2～3节、有一两个正常叶片的插穗。上端在节上2 cm处、下端在节下1 cm处修剪。扦插前用100 mg/kg ABT生根粉浸泡插穗下端2 h。扦插前一天用高锰酸钾200～300倍液将苗床细沙浸透，以杀菌消毒。扦插宜在傍晚或阴天进行。先把苗床喷湿，按10 cm×10 cm的株行距扦插，深度3～5 cm。插后连续喷水2 h，补充叶片水分，同时使插穗与苗床密接，以后根据天气温度及叶片水分情况随时调节喷水及间隔时间。只要叶片有水珠，不发生叶片萎蔫尽量减少喷水量，以提高地温，有利于根系生长，减少病害发生。当多数根系长到7～8 cm以上时进行炼苗，只在中午高温时短时喷水。炼苗5～7 d后，可移栽，一般从扦插到移栽需25 d左右。

移栽时选阴天或早晚，先浇透水使床面松软，以免起苗时根系损伤。小苗用铁铲挖出，把沙子抖落或用水清洗干净，可直接在苗圃地畦栽，栽后及时浇水、施肥，并注意病害防治。

(4)微型月季嫩枝扦插　选择当年生、半木质化、生长势良好、无病虫、健壮饱满的枝条为实验材料，取其长度 8～10 cm 的茎段做插穗，带 2 片复叶，插穗上端为平切口，距芽 1～2 cm，下端用刀片削成 45°斜切口。在扦插容器中放入扦插基质，扦插基质为草炭和珍珠岩按 2∶1 比例混合而成。将插穗的基部在配制好的 500 mg/kg α-萘乙酸(NAA)溶液中速蘸，然后迅速插入基质中，深度以插穗长度的 1/3～1/2 为宜。一般扦插 5 d 后，插穗切口已愈合，10 d 后部分插穗长出白色透明的愈伤组织，15 d 后长出肉质根，20 d 后插穗形成 3～5 条新根。扦插后 25 d 统计成活率。

五、结果与分析

(1)比较普通硬枝扦插中不同药物处理的成活率(表 1)。

表 1　普通硬枝扦插中不同药物处理的成活率

处理号	1	2	3	4	5	6	7	8
扦插株数								
成活株数								
成活率/%								

(2)试分析不同扦插方法中影响成活率的主要因素。

(张江红　曾　丽)

实验十七　园艺植物的嫁接技术

一、实验目的

通过实验学习园艺植物常用的嫁接方法，掌握嫁接成活的关键技术和具体操作方法。

二、实验原理

接穗嫁接到砧木上后，在砧、穗削面，由死细胞的残留物形成一层褐色隔膜，之后在愈伤激素的刺激下，伤口周围细胞和形成层细胞旺盛分裂，并使褐色隔膜破裂，形成愈伤组织。愈伤组织不断增加，直至填满砧穗间的空间，砧穗愈合组织的薄壁细胞互相连接，将两者的形成层连接起来。愈伤组织不断分化，向内形成新的木质部，向外形成新的韧皮部，使导管和筛管也相互沟通，砧穗就结合为统一体，形成新的植株。

三、材料与用具

(1)材料　苹果、梨、桃、葡萄或其他果树、月季或其他木本花卉供嫁接用的砧木和接穗，黑籽南瓜和黄瓜幼苗，仙人球等仙人掌类材料。

(2)用具　嫁接刀、双面刀片(从中间纵向折成两片)、修枝剪、塑料薄膜条、嫁接夹、磨石等。

四、实验内容

(一)芽接法

芽接可在春、夏、秋季进行，以夏、秋季为主，要求皮层容易剥离，接芽发育充实饱满，砧木达到要求的粗度。

1."T"字形芽接

(1)削芽　左手拿穗，右手拿嫁接刀。选接穗上的饱满芽，先在芽上方0.5 cm处横切一刀，深达木质部，横切刀口长0.8 cm左右。再在芽以下1～1.2 cm处向上斜削一刀，由浅入深，直至与芽上的横切口相交。然后用右手抠取盾形芽片，注意防止撕去芽片内侧的维管束。

(2)切砧木　在砧木距地面5～6 cm处，选择光滑部位横切1刀，切口略宽于芽片宽度，深达木质部，再于横切口中间向下竖切一刀，长1～1.5 cm。

(3)接合与绑缚　用刀将砧木皮层轻轻挑开，把芽片插入"T"形切口内，使芽片的横切口与砧木横切口对齐嵌实。然后用塑料条先在芽上方扎紧一道，再在芽下方捆紧一道，接着连缠三四下，系活扣。注意露出叶柄，露芽、不露芽均可。

2. 嵌芽接

(1)削芽片　先在接穗的芽上方 0.8～1 cm 处向下斜切一刀，长约 1.5 cm，然后在芽下方 0.5～0.7 cm 处斜切成 30°角与第一刀口的切口相接，取下带木质部芽片。芽片长 1.5～2 cm。

(2)切砧木　按照芽片的大小，相应地在砧木上由上而下切一切口，长度应比芽片略长。

(3)接合和绑缚　将芽片插入砧木切口中，注意芽片上端必须露出一线砧木皮层，以利愈合，然后用塑料条绑紧。

3. 方块芽接

(1)削芽片　在接穗上芽的上下各 0.6～1 cm 处横切两个平行刀口，再在距芽各 0.3～0.5 cm 处竖切两刀，切成长 1.8～2.5 cm、宽 1～1.2 cm 的方形芽片。暂时先不取下。

(2)切砧木　按照接芽上下口距离，横割砧木皮层达木质部，偏向一方(左方或右方)竖割一刀，掀开皮层。

(3)接芽和绑缚　将接芽芽片取下，放入砧木切口中，使竖切的一边对齐，然后再竖切另一方的砧木皮，使左右上下切口都紧密对齐，立即用塑料条包紧。

芽接后 10 d 左右即可检查成活情况，凡接芽新鲜，叶柄一触即落者表示成活，而芽和叶柄干枯不易脱落者说明未活。

(二)枝接

只要具备条件，一年四季均可进行枝接，以春季萌芽前后至展叶期进行较普遍，尤其在砧木粗大、砧穗均不易离皮、根接和室内嫁接或大树高枝接头时多采用枝接。

1. 切接

适于根颈直径 1～2 cm 粗的砧木坐地嫁接。

(1)削接穗　接穗通常长 5～8 cm，具 2～4 个芽。把接穗下部削成一长一短两削面，先略斜切长削面，长 3 cm 左右，再对其侧斜削长度为 1 cm 左右的短削面，削面应平滑。

(2)切砧木　在离地面 3～5 cm 处选皮层平整光滑处剪断砧木，削平截面，由截口边缘稍带木质部向下纵切，切口宽度与接穗直径相等。深一般 2～3 cm，与接穗长削面相适应。

(3)接合与绑缚　将接穗大削面向里插入砧木切口，使砧穗形成层对齐，如果不能两边都对齐，则应对齐一边。然后用塑料条缠紧包严，绑缚过程中注意不要碰动接穗。

2. 劈接

砧木较粗时可用劈接。

(1)削接穗　将接穗基部削成有两个对称削面的楔形，削口长 3 cm 左右，要求平直光滑，接穗的外侧应稍厚于内侧。

(2)切砧木　将砧木在嫁接部位(要求表面光滑，纹理通直)剪断或锯断，削平截面，用刀在截面中心垂直劈下，深度应略长于接穗面。

(3)接合与绑缚　把砧木切口撬开，将接穗插入，使接穗较厚的一侧在外，并使砧木与接穗的形成层对齐，接穗削面上应略露出，以使砧穗的形成层有较大的接触面。随后抽去刀，用塑料条绑紧包严。砧木较粗时，可同时接上 2 个或多个接穗。

3. 插皮接(皮下接)

砧木较粗、皮层厚且易离皮时可用插皮接。

(1)削接穗　在接穗基部与顶端芽的同侧削成单面舌状削面，长度 3 cm 左右，在其对面下部切去 0.2～0.3 cm 的皮层。

(2)切砧木及嫁接　截去砧木上部，用与接穗切削面近似的竹签自形成层处垂直插下。取出竹签，插入削好的接穗。接穗削面应微露出，以利愈合。用塑料条绑紧包严。

4. 舌接

常用于葡萄的嫁接，一般适宜砧木直径 1 cm 左右，并且砧穗粗细大体一致。

在接穗下芽背面削成约 3 cm 长的斜面，然后在削面由下往上 1/3 处顺着枝条往上劈，劈口长约 1 cm，呈舌状。砧木也削成 3 cm 左右长的斜面，斜面由上向下 1/3 处顺着砧木往下劈，与劈口长约 1 cm 的接穗的斜面部位相对应。把接穗的劈口插入砧木的劈口中，使砧木和接穗的舌状交叉起来，然后对准形成层，向内插紧。如果砧穗粗度不一致，形成层对准一边即可。接合好后绑缚。

枝接时通常需待接穗萌芽并有一定生长量时才可确定是否成活。嫁接成活后要及时除去绑缚物，并做好剪贴、抹芽等管理工作。

(三)其他嫁接方法

1. 靠接

靠接管理方便，成活率高，生产上采用较多。缺点是嫁接部位低，定植时若覆土过深，易埋住接口，使接口上部的黄瓜茎部生根而引发枯萎病。以黑籽南瓜为砧嫁接黄瓜时，通常黄瓜比南瓜要早播种 5～7 d，这样嫁接时两者的下胚轴粗度接近，便于嫁接操作，嫁接成活率也高。靠接法要求黄瓜苗稍大些，一般以黄瓜苗高 7～8 cm，南瓜苗高 6～7 cm 时为宜。

嫁接时，分别挖出黄瓜苗和南瓜苗，用拆开的双面刀片背部去掉南瓜的生长点和真叶，以后在南瓜子叶下 0.5～1.0 cm 处用刀片按 35°～40°的角度由上向下斜切一刀，深达下胚轴粗的一半，切面长 0.5～0.7 cm；随后在黄瓜苗子叶下 1.2～1.5 cm 处按 30°角由下向上斜切一刀，深达下胚轴粗的 3/5，切片长 0.5～0.7 cm，立即将 2 株幼苗从切口处接合，使黄瓜子叶居于南瓜子叶上方并使 4 片子叶呈“十”字形，最后用嫁接夹固定。接好的幼苗立即栽入营养钵，嫁接后 10 多天用刀片从接口下方 1 cm 处把黄瓜胚轴切断，即形成嫁接苗。

2. 插接法

插接法操作简单，但因黄瓜苗在嫁接时已切离母体，嫁接后要求弱光和高湿度环境，若管理不严格，成活率不及靠接法高。

插接法要求黄瓜苗适当小些，南瓜和黄瓜可同期播种，待南瓜苗吐心时，除去生长点和其周围真叶，用竹签沿右侧子叶主脉向左侧子叶向下斜插 0.5～0.7 cm深，以竹签尖不扎破砧木下胚轴表皮为度。然后取黄瓜苗在子叶下 1 cm 处斜切一刀，深及茎粗的 2/3，切口长 0.5 cm，再从另一面下刀，把胚轴切成楔形，拔出竹签将其插入即可。

3. 平接法

仙人掌类植物常使用平接等方法。大多数种类在气温 20～25℃时嫁接成活率最高，但在梅雨季节易感染病菌腐烂而不适宜进行嫁接。平接适合在柱状或球形种类上应用。在砧木的适当高度用利刀作水平横切，然后再于切面边缘作 20°～45°的切削，以防止切面凹陷太多。接着在接穗下部也进行水平横切，切后立即放置在砧木切面上，让两者的维管束充分对准，再用细线或塑料带纵向捆绑使接穗与砧木切面紧密接触，此外还可以用橡皮筋、重物等来进行绑扎或加压固定。

五、结果与分析

(1)统计自己亲手操作不同嫁接方法的嫁接成活率，并填入表 1 中。

表 1　嫁接实验结果统计

嫁接方法	嫁接株数(或芽、枝数)	嫁接成活数	嫁接成活率/%

(2)试分析不同嫁接方法影响嫁接成活率的主要因素。

（宋尚伟　刘海涛）

实验十八　蔬菜的植株调整

一、实验目的

学习掌握豇豆和番茄植株调整的常用方法，并结合实验进行不同调整方法异同点及其效果的比较。

二、实验原理

蔬菜的植株调整是指在植株的生长发育过程中，采用各种各样的技术措施，来调节植株的株型、生长发育和产品成熟与采收期，以获得更佳的产量和产品品质。植株调整的技术措施包括摘心、整枝、打杈、拉枝、绑蔓、压蔓、摘叶、束叶、疏花、疏果、支架等。通过合理的植株调整，提早或延迟采收，实现高产优质的生产目的。

瓜类、豆类等攀缘类蔬菜，通过人为支架、拉枝、绑蔓等，引导植株进行水平、垂直或其他形式的生长，增加了密植度，提高了植株的光能利用率，改善了群体结构和通风透光条件，提高了土地利用率；番茄、茄子和瓜类等蔬菜，如放任其自然生长，则侧蔓繁生，易引起落花落果或结果不良。采取整枝、打杈等措施，可控制植株的株型及生长，使每一植株形成最适的果枝数目(如单干、双干等)，促进了果实的发育。对以侧蔓结瓜为主的甜瓜早期进行摘心，可以提早结瓜，促进早熟。而番茄在生长后期摘心，可促进养分集中转运到果实，促进果实发育，提早成熟。

番茄、茄子、菜豆等，在生长后期将植株下部的老叶及互相重叠的叶片摘去一部分，不但减少了植株养分的消耗，并且增加了植株内部的通风透光性；大蒜、马铃薯、莲藕、百合、豆薯等，开花期及时摘除花茎或花蕾，减少了植株养分消耗，有利于地下产品器官的肥大；西瓜等瓜类蔬菜，去掉部分畸形、有病的果实，可促进留存的果实正常肥大。

三、材料与用具

(1)材料　豇豆、番茄。

(2)用具　竹竿、剪刀、塑料绳、直尺、卷尺等。

四、实验内容

1. 不同支架方式对豇豆生长发育的影响

以单干立柱、“人”字架与圆锥架作为支架方式，调查包括株高，茎粗，叶片数，开花始期，果实采收始期，每次采收果实日期、数目、重量等，分析比较3种支架方式的优缺点及豇豆生长发育的影响。

(1)春季进行播种育苗，然后定植于实验地。实验地分为3畦，每畦地种两行，株行距及苗数均相同。

(2)苗高20 cm左右时，用竹竿支架，3畦地的支架方式分别为单干立柱、“人”字架与圆锥架。各畦栽培管理均相同。

(3)植株进入开花及果实收获期，调查每种支架方式下的开花始期，果实采收始期，株高，茎粗，叶片数，每次采收果实日期、数目、重量等指标。

2. 番茄不同植株调整方法的比较

调查株高，茎粗，叶片数，开花始期，果实采收始期，每次采收果实日期、数目、重量等，分析比较单干整枝、改良型单干整枝与双干整枝等植株调整方法的异同及对番茄植株生长发育的影响。

(1)实验地分为3畦。选择中熟或晚熟品种，春季播种育苗，按期定植。每畦种植的苗数及株行距相同，并采用相同的栽培管理措施。

(2)植株进入结果期，及时用竹竿进行支架，可采用四脚架。3畦植株分别采用单干整枝、改良型整枝与双干整枝的整枝方式。

(3)每种整枝方式均留4穗果，末穗果上部留2片叶将生长点摘除。植株及时进行绑蔓、打杈。每隔两三叶捆绑一次。除预保留的侧枝外，其余侧枝在萌发初期全部摘除。

(4)植株进入开花及果实收获期，调查开花始期，果实采收始期，株高，茎粗，叶片数，每次采收果实日期、数目、重量等指标。

五、结果与分析

1. 豇豆

将调查数据(取各株平均值)填入表1，分析3种支架方式对豇豆生长发育的影响及其异同点。

表1 不同支架方式对豇豆生长发育的影响

	单干立柱	“人”字架	圆锥架
开花始期			
果实采收始期			
株高			
茎粗			
叶片数			
采收持续时间			
采收果实总数			
平均单果重量			
单株产量			

2. 番茄

取各株平均值，将调查数据填入表2，分析3种整枝方式优缺点及对番茄生长发育的影响。

表 2 不同整枝方式对番茄生长发育的影响

	单干整枝	改良单干整枝	双干整枝
开花始期			
果实采收始期			
株高			
茎粗			
叶片数			
采收持续时间			
采收果实总数			
平均单果重量			
单株产量			

（刘海涛）

实验十九 果树修剪技术

一、实验目的

1. 了解修剪对果树生长与结果关系的调节作用，掌握果树修剪的依据。
2. 通过实际操作，掌握果树修剪技术和操作方法。

二、实验原理

果树的生物学特性是修剪的重要依据，修剪应首先符合果树的生长结果特性，然后再根据自然条件和栽培措施以及经济要求进行修剪，通过各种修剪方法及其相互配合，充分利用其反应特点，完成整形修剪任务，实现早果、优质和丰产。

三、材料与用具

(1)材料　苹果、梨、葡萄、桃、杏、李、核桃、板栗和枣树等幼树和成年大树。

(2)用具　修枝剪、手锯、高梯(或高凳)、芽接刀(或环剥刀)、木橛、拉枝绳(或铁丝)、铁锤、塑料薄膜带、保护剂(接蜡、油漆)等。

四、实验内容

果树修剪可调整群体和个体各部分的结构，改善光能利用条件，调整器官形成的数量、质量、节奏，协调生长与结果、衰老与复壮之间的矛盾和树体各部分、各器官之间的平衡等。

根据果树修剪的时期，一般分为休眠期修剪(冬季修剪)和生长季修剪(夏季修剪)。果树休眠期贮藏养分较充足，地上部剪后，枝芽减少，集中利用贮藏营养。因此，新梢生长加强，剪口附近顶芽长期处于优势。夏季修剪，由于树体贮藏养分较少，而新叶又因修剪而减少，同样修剪量，对树体生长抑制作用较大，运用得当，可及时调节生长结果，促进花芽形成和果实生长。

(一)修剪方法

果树的修剪方法很多，作用及反应各不相同，为达到整形修剪的目的，单纯采用一种剪法，难以解决整形修剪中的复杂要求。因此，必须用不同修剪方法并合理配合使用，取长补短，才能取得最佳效果。

(1)短截　亦称短剪，即剪取一年生枝梢的一部分。短截可分为轻短截(剪去1/5～1/4)、中短截(剪去1/3～1/2)、重短截(剪去2/3～3/4)和极重短截(基部留1～2个瘪芽)。其反应随短截程度和剪口附近芽的质量不同而异。一般短截对枝头生长有局部刺激作用，可促进剪口以下侧芽萌发，促生分枝。

(2)缩剪　亦称回缩，即在多年生枝上短截。缩剪反应特点是对剪口后部的枝条生长和潜伏芽的萌发有促进作用，对母枝则起到较强的削弱作用。其具体反应与缩剪程度、留枝强弱、伤口大小有关。一般结果期树应用较多。主要目的是改变枝条方向，恢复树势，促进枝条后部发枝等。

(3)疏剪　亦称疏删，即将枝梢从基部疏除。疏剪可改善树体的通风透光状况，一般对全树起削弱生长作用，原因是减少树体总生长量；对局部有促进作用，但比短截作用小，而影响的范围比短截为广，其效果与修剪量的大小和被剪去枝条的强弱有关。如疏去强枝，留下弱枝，或疏枝过多，对树势和枝势有明显的削弱作用；如疏去弱枝，可使养分集中，增强枝势。疏枝有削弱母枝枝势的作用，减缓加粗生长，故常作为调节树体和局部势力的手段，达到平衡树势的目的。注意在一株树上需要疏除较多大枝时，要逐年控制，分期疏除，切忌一次造成伤口过多，严禁造成对口伤和距离很近的上下同侧伤。

(4)长放　亦称甩放，即一年生枝不剪，利用单枝生长势逐年减弱的特性保留大量枝叶，避免剪截刺激而旺长，有利于营养物质积累，形成花芽，可使幼旺树或旺枝提早结果。一般应缓放长势中庸的枝条，使其抽生中、短枝，有利于结果。背上强壮直立枝，不易长放，如需长放，必须配合曲枝、夏剪等措施控制长势，否则易发生“树上长树”现象。实施缓放修剪时，缓放效果有时需连放数年才能表现出来。因此，对长势较旺、不易形成花芽的品种必须连续缓放，待中后部形成花芽或开花结果后再及时回缩，培养成各类结果枝组。

(5)曲枝　即改变枝梢方向。将直立旺长的枝条或多年生枝压平，别在附近平斜或横生的枝下。为了加大刺激力度，有时在曲别枝前拧伤或折伤基部(俗称大张嘴)，可获得更好的效果。具体应用时要注意一株上曲别枝不宜过多，而且曲别枝应尽力向树冠有空间的地方引导，不要横向曲别，以免使树冠紊乱。

(6)刻伤或多道环刻　在芽枝的上方或下方用刀横切皮层达木质部，叫刻伤。多道环刻亦称多道环切或环割，即在枝条上每隔一定距离，用刀或剪环切一周，深达木质部，能显著提高萌芽率。单芽刻伤多用于缺枝一方而多芽刻伤或多道环刻主要用于轻剪、长放的辅养枝上，缓和树势，增加枝量。

(7)除萌和疏梢　芽萌发后除去或剪去嫩芽为除萌或抹芽；疏除过密新梢为疏梢。

(8)摘心或剪梢　摘心是摘除幼嫩的梢尖，剪梢包括部分成叶在内。摘心或剪梢可削弱顶端优势，暂时提高植株各器官的生理活性，改变营养物质的运转方向，增加营养积累，促进分枝。因此，摘心或剪梢必须在急需养分调整的关键时期进行。

摘心的对象是主枝延长枝、内向枝、徒长枝、果苔枝、结果枝上抽生的强枝以及可利用的竞争枝。摘心时间因对各种枝条处理的目的和要求不同而异。新梢旺长期摘心可促生二次枝，有利扩大树冠。新梢缓慢生长期摘心，可促进花芽分化。生理落果前对果苔副梢摘心可提高坐果率。对徒长枝多次摘心，可使枝芽充实健壮，提高越冬性。

(9)扭梢　在新梢基部处于半木质化时，从新梢基部扭转 180°，使木质部和韧皮部受伤而不折断，新梢呈扭曲状态。扭梢可以缓和枝势，改变局部光照条件，促进花芽形成。

(10)拿枝　亦称捋枝，在新梢生长期用手从基部到顶部逐步使其弯曲，伤及木质部而不折。不同时期拿枝，效果不同。如苹果春梢停长时拿枝，有利旺梢停长和减弱秋梢生长势，形成较多副梢，有利形成花芽；秋梢开始生长时拿枝，减弱秋梢生长，形成少量副梢和腋花芽；秋梢停长后拿枝，能显著提高次年萌芽率。

(11)环状剥皮　简称环剥，即将枝干韧皮部剥去一圈，可暂时切断营养物质向下运输的通道，有利于剥口上部枝叶营养积累，是促进花芽形成、控制树冠、减少落果、促进果实膨大的有效措施。环割、环状倒贴皮、大扒皮等都属于这一类，只是方法和作用程度有差别，绞缢也有类似的作用。环剥在枣、苹果、梨、柿、柑橘等多种果树上都有作用。

环剥时应注意以下几点：①环剥时间与环剥目的有关，为促进花芽分化，可在花芽分花前进行；为提高坐果率宜在花期后进行。②环剥的适宜宽度，是在急需养分期后即能愈合为宜。苹果环剥宽度一般为枝直径的1/10～1/8。环剥适宜深度为切至木质部。对环剥敏感的树种和品种，可采用绞缢、多道环割，也可采用留安全带的环剥法，留下约10%部分不剥。③幼树和春季不宜过早环剥，因其叶面积小，环剥效果差，甚至无促花效果。④在不需要控制整株树生长的情况下，宜对部分枝实行环剥。⑤为保护病虫害对切口的危害和促进愈合，对切口可涂药保护，也可用塑料布或纸进行包扎。

(12)拉枝　在地上钉橛或在树上寻找适宜部位，用铁丝、布条或尼龙绳等将枝条角度拉开。木橛长度一般要求50 cm以上，以防浇水后弹起。拉枝可以改变枝向，扩大树冠，缓和树势，改善光照，增加枝量，尤其是增加中、短枝数量，对促进花芽形成有重要作用。拉枝的角度不同，其效果也不一样，一般密植树可拉70°～90°，辅养枝拉角要大于骨干枝。为了平衡树势，较大的骨干枝拉角可以大一些，较小的骨干枝拉角可小一些。枝条应拉成线形，不可拉成弓形。拉枝时还应注意枝条的方位，拉枝处要防止铁丝或绳绞缢枝条。

(13)其他　去叶、断根、去芽、击伤芽、折枝等也是修剪措施，需要时可以应用。

(二)修剪步骤

(1)对每株树修剪时应先围树观察，从不同的角度观察大、中枝的着生状况，先确定大、中枝的去留和修剪程度。

(2)观察一年生枝的生长势，花芽多少和分布位置，确定修剪的原则。并根据长枝的密度，确定疏剪和短剪的程度。

(3)在上述观察的基础上，先处理大枝、中枝，后修剪小枝；先疏枝、后短截。当把握不大时，先轻剪轻锯，逐步完成。

(4)小枝的修剪应由内向外，由上而下进行修剪，以易于掌握主从关系，避免碰伤已剪过的部分。

(5)全部剪完后再绕树观察，进行必要的补充和修正。然后对大、中伤口进行修平，由上而下，由内而外涂抹保护剂。

(6)立即清除修剪下来的枝条、枯叶。选择充实饱满芽眼的枝条留做接穗和插条。废弃的枝叶集中运出园外及时处理。

(7)在操作过程中，应注意剪锯口的质量，防止乱锯乱剪，留桩过长，剪锯口过大。剪口芽位置应恰当，符合预期要求。

(8)修剪时应穿软底鞋，以免上树时损伤树皮。各种果树枝条坚韧度不同，上树时要注意安全，防止枝条断裂和摔伤。

(9)病株应最后修剪，如已剪过病枝，所有工具都应消毒，以免传染。

(三)自由纺锤形的修剪技术

自由纺锤形是目前普通品种/乔化砧，短枝型品种/乔化砧、普通品种/半矮化砧密植栽培中应用较普遍的一种树形，适于株行距(2～4) m×(4～6) m 的苹果园。自由纺锤形具有骨干枝级次少、修剪量小、通风透光好、结果早、便于主枝轮流更新、整形修剪容易等优点。

1. 树体结构

干高 50～70 cm，树高 3～3.5 m，中心干直立。中心干上均匀着生 8～12 个主枝，无明显层次，分布均匀合理即可。下层枝稍大，长 1～1.5 m，向上依次缩小，主枝上不分侧枝，直接着生结果枝组。下部主枝开张角度为 80°～90°，上部主枝角度可稍小，不留枝组，单轴延伸。主枝与主干从属分明，外观呈上小下大的纺锤状树冠。

2. 幼树整形过程

定干：苗木定植后定干，定干高度为 80～120 cm，根据苗木高度和质量而异，一般为 80～90 cm。

第 1 年：于萌芽前后进行环割或刻伤，增加枝量，夏季对新梢拿枝软化，使之角度为 70°～90°，控制竞争枝，保持中心干的生长优势。对于长势旺、枝量大的树，疏除主干上 50 cm 以下的枝条，50 cm 以上的疏除过旺，过粗及竞争枝，选留 6～7 个长势均匀、方位较好的枝条，其中 3～4 个为主枝，对留下的枝条不短截，全部缓放，中心干延长枝留 50～60 cm 短截；对于长势中庸，枝量较少的树，疏除竞争枝，在中心干上选留 3～4 个方位好、长势较壮的长枝轻短截，促发长枝，中心干延长枝在饱满芽处短截，其余中庸枝缓放；对于长势弱、枝量少的树，冬剪时如疏除竞争枝后留下的长枝不足 2～3 个，使将其全部极重短截，促使第 2 年重新发枝，中心干留 40～50 cm 短截。

第 2、3 年：对中心干延长枝，每年剪留 50～60 cm。旺树或用竞争换头，或长放不剪。在中心干上每年选留 2～4 个小主枝，不短截或轻剪，拉开距离，插空排列，避免密集和重叠，尽量多留一些中庸辅养枝，控制生长势和角度，对靠近中心干 20 cm 以内的壮旺直立枝、徒长枝和密生枝或疏除或极重短截。

第 4、5 年：这时树体即将占满营养空间，树高可达 3 m 左右，行株间快要接头，冬剪时中心干延长枝可缓放不剪或用弱枝带头，中心干上主枝数目已达 8～12 个，整形任务基本完成，注意控制主枝角度和主枝生长势。平衡各主枝的生长势，对于主枝上过大的分枝应疏除或加以控制。

3. 不同年龄时期树的修剪特点

(1)幼树修剪　幼树期是苗木定植到第一次开花结果的一段时期，一般为2～5 年，此期修剪主要任务是整好树形，培养良好的结构，修剪的主要特点是：①按树形要求定干、选留中心领导干、主枝、侧枝，注意骨干枝的方位、角度、长度、尖削度和层间距以及剪口芽的方向等。②轻剪长放，充分利用辅养枝，对骨干枝以外的辅养枝、枝组要尽可能多留、多长放，少短截，使这些枝缓势成花，早结果。③平衡枝势，从属分明，主从分明。④加强生长季修剪，简化冬季修剪。

(2)初果期树修剪　由开始见果到大量结果以前为初果期，此期修剪的任务是继续培养各级骨干枝，完成整形任务，同时促进枝类转化、培养结果枝组，使产量逐年增加。修剪的主要特点是：①继续培养各级骨干枝，完成整形工作。主要包括开张骨干枝角度，竞争枝、徒长枝的处理，保持各级枝间的主从关系，适时落头等。②着重培养各类枝组。在培养结果枝组时多采用先放后缩的方法，即对中庸枝、偏弱枝先缓放，待成花结果后再逐渐回缩，采用此法培养的结果枝组多为单轴延伸的细长枝组，且结果早。如果空间较大也可采用先截后放法培养枝组。③辅养枝的利用与控制，对于枝龄较小尚未成花结果但有生长空间的辅养枝应继续长放，采用促花措施使之成花结果，对于重叠、交叉、过密的辅养枝，应采取减少枝量、回缩、疏除等方法进行控制，但要分年逐渐解决，以不严重影响骨干枝生长为度，使结果部位由辅养枝为主逐步过渡到各级骨干枝的各类枝组上。④继续加强生长季修剪，对辅养枝、大枝组用变向、刻剥等措施，促进花芽形成，对竞争枝、徒长枝及时摘心、剪梢和疏除，以不影响骨干枝的生长。

(3)成果期树修剪　盛果期树体骨架已基本形成，整形任务已完成，修剪的主要任务是维持健壮的树势调整好花芽、叶芽比例，改善光照条件，培养与保持枝组势力，控制花果留量，争取稳产优质。此期的修剪特点是：①调整树体结构，改善通风透光条件。当树冠间已出现交接或将近交接时，视延长枝枝头生长势强弱可进行缓放不剪或回缩到后部弱枝上，使树体保持相对稳定状态，修剪后应使行间保持 1～1.5 m 的作业道，株间互不影响为宜。对于初果期保留下来的较多的辅养枝，在此期应分期分批改造成结果枝组或疏除，使树冠保持一定的层间距和叶幕间距，疏除或回缩不能操之过急，以不影响树势和产量为宜。对于主侧枝上的过密枝、下垂枝、重叠枝视空间大小或改造为枝组加以利用或疏除。对主侧枝上的背上枝组应控制其高度，使之向扁平方向发展。对于落头不合适的树，要分次落头到最上层主枝处。通过上述的调节和控制，使树冠通风透光良好，生长势均衡。②培养和更新复壮结果枝组。保持结果枝组生长势力稳定，调整控制各类枝组比例，使全树中小枝组占总枝组数的 80%～90%，且枝组在树冠内分布合理。③调整好叶芽、花芽比例。通过精细修剪，调整好叶芽和花芽比例，克服大小年，使树体生长势稳定。

(4)衰老树修剪　衰老树修剪的主要任务是促进树体更新复壮。修剪时要注意不同衰老程度树骨干枝的更新、各局部的更新复壮、徒长枝的利用和修剪、花果留量的调节与分配等。

五、结果与分析

(1)简述修剪的主要方法和作用。

(2)将你所修剪的树选择一两株进行标记，观察记载修剪后的反应。

(李政红　张玉星)

实验二十 观赏植物的整形与修剪

一、实验目的

通过本实验，理解观赏植物整形修剪的目的，掌握植篱和灌木的基本整形修剪方式，以及树桩盆景的初步制作与养护。

二、实验原理

整形修剪是观赏园艺植物造型的必要手段之一。在园艺及园林应用中，许多观赏植物在不同场合、不同季节都需进行必要的整形修剪。

整形是对植物施行一定的修剪措施，以形成某种树体结构；修剪则是对植株的茎、枝、叶、芽等器官进行剪截或疏除的措施。修剪是整形手段之一，是在一定的整形基础上，依据某种要求而实施的。所以，在实际操作中，应彼此兼顾，灵活运用，最终达到园林美化的目的。每一种植物都有其内在的遗传规律，并在植物的生长发育中得以表达，整形修剪应遵循植物的生长习性。与植物整形修剪相关的生长习性主要有极性优势、萌芽力、成枝力、更新能力以及花芽的着生部位等。因为不同园艺植物的生长习性差异较大，所以在进行整形修剪操作之前，一定要对操作对象的修剪反应有所预测。

观赏园艺植物的整形修剪不同于其他种类植物的整形修剪，在考虑植物自然形态的同时，还应兼顾不同情况下对观赏园艺植物的某些具体要求。

观赏园艺植物的整形修剪目的可以大体归纳为以下几点：①解决园艺植物正常生长与造型间的矛盾；②解决植物生长与建筑设施、管线等之间的矛盾；③调节观赏植物自身生长发育；④美化的需要。

三、材料与用具

(1)材料 各院校可因时因地自主选择本地栽植的园林树木或盆景进行实验。可参考选用丰花月季、大叶黄杨(或雀舌黄杨)、连翘、木槿、紫藤、榔榆、黑松、海棠、对节白蜡和五针松等材料。

(2)用具 修枝剪、高枝剪、绿篱剪(锯)、铁丝(10～22号)、棕丝和刀具等。

四、实验内容

1. 植篱的整形修剪

植篱的整形方式可分为自然式和整形式两种。自然式植篱一般不进行专门的剪整措施，仅在栽培管理过程中将病老枯枝剪除即可。整形式植篱的整形形式很多，可根据需要剪整成几何形状或象形植篱雕塑等。但需要注意的一点是，不论剪整成哪种形式，都要预先考虑植篱以后的生长发育，防止生长后期形成下部或内膛秃裸。

2. 灌木的整形修剪

根据灌木生长发育习性不同，其整形修剪可分为以下几种形式。

(1)先开花后发叶的种类 如连翘、榆叶梅等开花后剪整。重点是疏剪弱枝、病枯枝，并进行更新复壮。

(2)花开于当年新梢的种类 如月季、紫薇等早春或冬季剪整。修剪强度较大，一般进行重剪，并于花后及时修整新梢。

(3)观赏枝条及观叶的种类 一般应在冬季施行重剪，后行轻剪，以多萌发枝叶，如火棘。但对于耐冬季严寒的观枝植物如红瑞木、黄金柳等，可在早春修剪。

(4)萌芽力极强的种类或冬季易干梢的种类 必须冬季平茬修剪。

3. 盆景的初步制作与养护

树桩盆景的制作步骤包括选材、造型、上盆、养护等，工序复杂，操作时间长。本实验主要抓住桩景的制作要点进行练习，桩景植物材料选用一年生扦插苗。

(1)修剪 本实验以岭南派(蓄枝截干)盆景造型为例。教师选用成型的岭南派盆景指导学生造型构思，先告诉学生应修剪哪些枝条，保留哪些枝条才能达到现在的形式(图1)，然后让学生按照

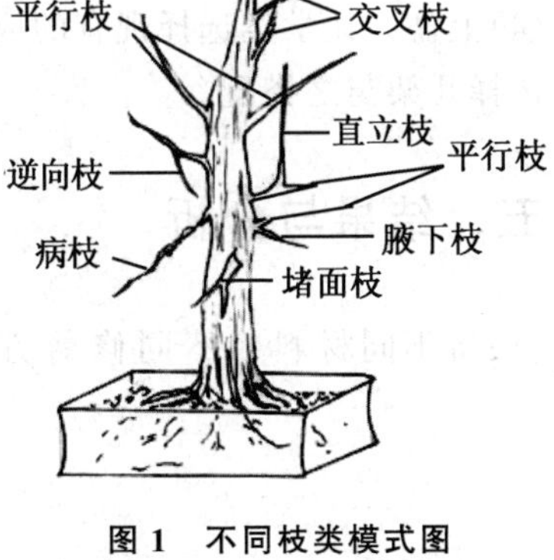

图1 不同枝类模式图

这个思路对一年生扦插苗进行修剪造型(图 2)。

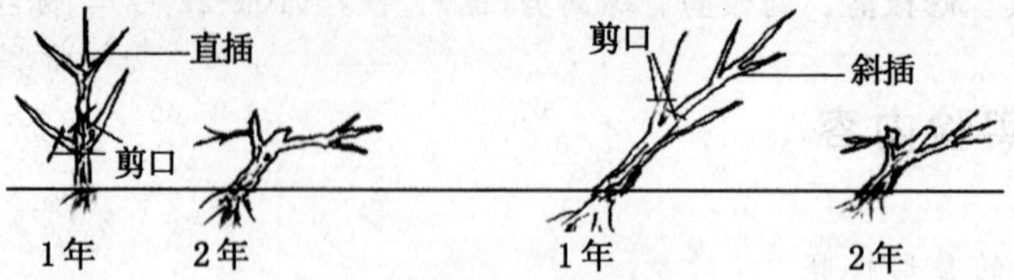

图 2　一年生盆景苗修剪

(2)蟠扎　蟠扎材料可分为金属丝和棕丝两种。其中棕丝仅见于南方，金属丝则全国各地都有，取材方便。但金属丝易损伤树皮，所以在蟠扎操作时应采取保护措施，如缠麻皮或软化的塑料软管等。

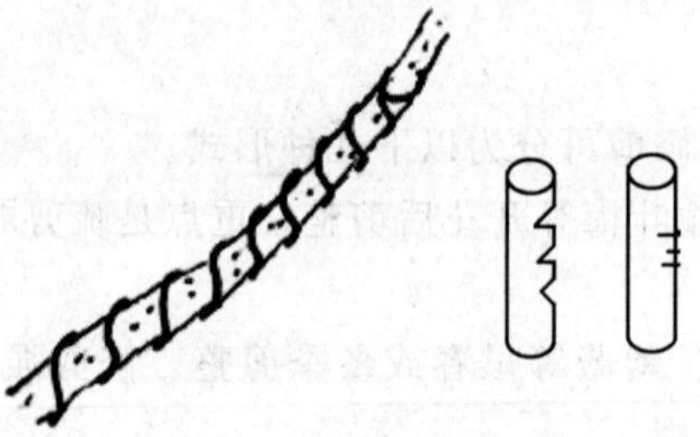

图 3　蟠扎及切割模式

本实验以金属丝蟠扎为例，具体操作步骤如下：①蟠扎顺序，先主后次，由下至上；②铁丝长度为树干 1.5 倍；③缠绕方向，根据树木作弯方向进行调整，如要使树干向左作弯，则逆时针缠绕，反之则顺时针缠绕；④金属丝缠绕时应与树干呈 45°角；⑤如遇到比较硬的枝条，可以用锯进行 1/3 深度的切割(图 3)。

(3)提根　利用多年生盆景进行提根示范，根据树形，保留 5～7 根主根，去除其余主根，形成悬根露爪、盘根错节之势。具体操作方法由指导教师根据盆景形态确定。但操作过程中应注意保留足够须根，以确保盆景成活。

(4)上盆　让学生选择现有的成型树种，在教师指导下定植于合适的景盆里，然后选择几架与之搭配。

五、结果与分析

(1)将不同材料、不同修剪方法观察记录填入表 1，并分析修剪反应的异同。

表 1　修剪反应观察记录

修剪方式	发枝部位	发枝量	发枝类型	发枝长度	其他
短截					
轻短截					
中短截					
重短截					
回缩					
长放					
疏除					

(2)制作 1～2 个盆景，并撰写盆景的构思说明。

（赵飞）

实验二十一　花卉花期调控技术

一、实验目的

掌握不同机理类型的花卉花期调控技术，熟练处理调控中出现的问题。

二、实验原理

花期调控是为满足某些特殊需要，人为采用各种措施，使花卉在自然花期之外按人们意志定时开放，又称催延花期或花卉促成和抑制栽培。花期调控可以均衡花卉的四季供应，加强节庆和消费旺季的集中供花，满足人们的消费需求；帮助育种者解决杂交授粉过程中父母本不能同时开放的矛盾，提高育种效率，可缩短花卉的生产周期，提高土地利用周转率，有助于生产经营者创造更高的经济效益从而获取较高的利润。

目前花期调控一是通过对花芽分化与发育、花朵开放过程的了解，改变或干预与其有关的生态因子；二是通过对植物休眠阶段的了解，控制影响休眠的环境因子从而调控生长节律。因此，只有了解和掌握各类花卉的生长发育规律尤其是花芽分化与发育规律，熟悉不同生长发育阶段对各类环境因子的要求，才能成功地调控花期。

三、材料与用具

(1)材料　光照调控类型选用一品红、菊花、蟹爪兰、长寿花等材料；温度调控类型选用牡丹、八仙花、含笑、朱顶红等材料。

(2)用具　黑膜、修枝剪、温度计、实体镜、解剖刀、尖头镊子等。

四、实验内容

1. 光照调控类型(以菊花为例)

菊花为典型的短日照花卉，花芽起始分化的临界日长为14.5 h，安全分化日长12.5 h。不同品种开花期的早晚是由花芽起始分化、花发育需经历的短日照天数和要求的日照长度两者同时作用的结果。促成栽培可根据品种开花期的早晚，确定不同的扦插、定植及最后一次摘心日期。本实验以秋菊为试材，进行提早开花的花期调控。

(1)品种选择　试材最好选用温度不敏感品种，为提高试验的准确性，宜选短日照类型的品种，如秋菊早花品种(6～8周反应组)或中花品种(9～12周反应组)。

(2)植株选择　遮光处理的菊株扦插苗至少有14片发育完好的叶片，切花类要求菊株已有足够的处理高度，正常生长条件下，切花类株高35～50 cm时，经遮光处理后，菊株开花时高度一般可达70～100 cm。

(3)光照处理　根据确定的开花时间和选定品种的光周期反应组，进行遮光处理。处理时间为每天下午7时遮光，次日8～10时撤除遮光，保证有连续12～14 h的黑暗。连续遮光处理的时间为该品种完成花芽分化及发育所需的光周期反应组时间。期间遮光处理一旦开始，不可中断。从花芽发育上观察，遮光短日处理一般延续到花蕾显色为止。

(4)辅助管理措施　遮光处理期间浇水不可过多，应尽量控水；除基肥外，每周追施一次磷钾肥，当花蕾直径达1 cm时停肥；秋菊大多为温度正反应品种，夜温(最低温度)在15℃以上才适于花芽起始分化，分化的最低临界温度为10～

12℃。秋菊最适生长温度 14～26℃，最高不要超过 30℃。

2. 温度调控类型(以牡丹为例)

牡丹的自然花期为 4～5 月份，本实验以中原牡丹品种群的牡丹为例，通过温度控制和其他辅助措施，使其在春节开放。

(1)试材选择　选用中原牡丹品种群的大胡红、赵粉等品种的 3 年生以上健壮大苗作为催花试材。

(2)催花前的预处理　牡丹秋季落叶后起坨上盆，勿伤根过多，露地管理，头几天不浇水，以防烂根，放置于阴凉背风处，使充分休眠，在春节前 60 d 移入温室。

(3)温度调节　进入温室后逐渐提升温度，初期 5～10℃，3 d 后白天提高到 10～15℃，夜温 6～8℃；第 7 天白天 14～16℃，夜温 10～12℃；第 15 天白天 16～18℃，夜温 12～14℃；第 20 天进入幼蕾期，切记在此期一定要保持温度的恒定，度过催花的关键期，白天温度 20～24℃，夜温 17～20℃；第 35 天进入平蕾期，调整一下催花进度，7 d 后花蕾即可绽放。

(4)辅助催花措施　牡丹催花过程中要注意补充光照，可使用 500 W 灯从黄昏加光，蕾前每日加光 3 h，展叶后 5 h，开花期 7 h，以满足开花所需的光照。

(5)肥水管理　牡丹根系为肉质根，浇水忌积水，可多喷水助花蕾生长。施肥管理上应重前期、轻后期。在催花阶段，一般不追肥，绽露叶片后，可叶面喷施 0.1%磷酸二氢钾。

(6)其他管理　牡丹催花过程中，基部会不断萌生萌蘖，要及时疏除萌蘖。此外每枝干最好只留顶蕾，而将所有侧蕾疏除，以减少营养消耗。

五、结果与分析

(1)催控花期后往往导致植物生长出现不正常表现，分析原因并提出解决方案，写出实验报告。

(2)环境因子是花期控制的主要因素，在花期调控过程中，如何调整主要控制因子和其他辅助因子的关系？

(赵飞)

实验二十二 园艺植物的人工辅助授粉

一、实验目的

了解园艺植物人工辅助授粉的重要作用，通过实际操作掌握人工辅助授粉的技术。

二、实验原理

授粉是植物繁殖过程中的重要环节，受自然条件变化的影响较大。育种常采用人工操作辅助授粉的方法，促进自花授粉植物间的杂交和提高种性的株间混合授粉；机械隔离(网室、网罩、网袋和纸袋等)条件下，提高异花授粉的自交、杂交和株间授粉率；加快十字花科植物自交不亲和的繁殖；自然授粉不良时提高授粉率等。生产上，人工辅助授粉可有效提高坐果率、改进品质、实现高产优产的目的。

三、材料与用具

(1)材料 苹果、梨、桃树等；大白菜、黄瓜、油菜等。

(2)用具 干燥房间、加温设备(灯泡、生火或火炕)或恒温干燥箱、玻璃瓶、白纸、黑光纸，牛皮纸(或硫酸纸、纱袋)、回形针(或大头针、细绳)、镊子、吸管(用于菊科、伞形科植物，用水流冲洗花粉去雄)、装有脱脂棉的酒精瓶(70%酒精，用以杀死沾在手上或镊子上的异种花粉)、授粉器(毛笔、橡皮等)、标牌。

四、实验内容

1. 授粉前的准备

授粉工作是一项复杂而细致的工作，在授粉前必须有周密的计划和充分的准备，才能保证授粉的顺利进行。要根据授粉任务和植物本身的特点制订授粉计划，确定授粉量、所需花粉量及所投入的人力和物力，根据授粉计划准备好所需的工具等。

2. 花粉的采集与贮藏

一般以含苞待放的花蕾呈“气球期”为采集花粉适宜的时期。将授粉品种的“气球期”花蕾采下，带回干燥房间，在室内取出花药，摊在黑光纸上，加温处理(用电灯或生火或火炕)，一定要保持温度为25℃左右，有条件时可放在恒温干燥箱中(25℃左右)。经常搅拌，使其干燥，一般1～2 d花药裂开，再用细箩筛过，收集花粉，装入干净的青霉素瓶内封严置于阴凉处备用。

3. 花粉生活力的鉴定

(1)形态检验检测法　在显微镜下检查花粉，根据花粉的形态来确定有无生活力。无生活力的花粉表现畸形、皱缩、色淡、瘪小。此方法简单快捷，但误差较大，常用于检测新鲜花粉以比较不同品种间正常花粉百分率的相对高低。

(2)培养基发芽检验法　将花粉播种在液体培养基(10%～20%蔗糖+100～200 mg/L 硼酸)或固体培养基(1%琼脂)上进行培养，经过一定时间后观察花粉萌发及花粉管生长情况，以确定花粉生活力。此方法可靠性强，是经常采用的方法。

(3)染色法　是用一定化学药剂对花粉进行染色，在显微镜下根据花粉粒着色情况判断有无生活力。常用染色剂有甲基蓝、醋酸洋红、碘化钾等。此方法虽简单，但可靠性亦差。

(4)授粉检验法　是将供试花粉授在去雄的雌蕊上，根据坐果率和果实内的种子数确定花粉生活力。此方法准确，但时间长，往往检验完成后错过授粉季节，不适于生产应用。

4. 花粉的稀释

(1)稀释倍数　为节约花粉用量，应根据花粉发芽率加以稀释。常用的稀释倍数因授粉方法而异。一般人工点授为花粉∶稀释剂＝1∶10，机械喷粉为1∶(250～500)，机械喷雾为1∶10 000左右。

(2)稀释方法　分为粉剂与液剂两种。

粉剂稀释：常用粉剂有滑石粉、甘薯淀粉、面粉等。按稀释比例分别称量花粉和稀释剂。先取花粉的数倍量稀释剂，与花粉充分搅拌均匀，作为母粉，再将母粉分成数份，与全部填充物分别混合均匀，放置一起，即可使用。

液剂稀释：将花粉放入瓷盆内(切忌用塑料盆，以免器壁吸附，影响花粉浓度)，加入少量水搅拌成糊状，将其放入喷雾机带动的水箱内，用水冲刷瓷盆多次，倒入水箱。加到配制比例所需水量，用喷头把花粉搅拌均匀，使花粉不浮于水面，即可喷雾。注意花粉水悬液要现配现用。

5. 去雄、隔离

去雄是指在花药开裂前，除去雄性器官或杀死花粉的操作，目的是为了避免自交，是育种工作中获得目的性杂交种必不可少的环节。常用的方法有镊子人工去雄、水冲洗去雄和化学药剂去雄。

(1)人工去雄　用弹力好的尖头镊子将已选定大小适中的花蕾轻轻拨开，将其中的雄蕊全部摘除。如在摘除过程中夹破花药，则应立即用酒精消毒。去雄时，尽量保护花萼和花冠完好。人工镊子去雄费时、费力。

(2)水冲洗去雄　对于菊科、伞形科植物可采用喷水冲洗去雄，用吸管吸取少量水，用水流去雄。

(3)化学去雄　对于一些植物可采取化学去雄，但化学药剂的选用及浓度一定要慎重，应做预备试验后进行。

去雄后，为避免自然授粉，保证种子的纯度，应对花或花序进行隔离，一般采用套袋隔离，用纸袋或纱袋罩上花或花序，用曲别针、大头针或细绳封好口。

6. 人工授粉

在盛花期选择温暖无风或微风的天气进行授粉，一天中最适宜授粉的时间为日出后至午前或15时至傍晚，应避免中午高温干燥下进行，以利于花粉萌发。授粉常采用的方法有人工点授、机械喷粉和机械喷雾等。

(1)人工点授　可用毛笔、橡皮、气门芯等用具进行。点授时每蘸一次花粉可授5～10朵花，每花序点授一两朵。

(2)机械喷粉　一般用农用喷雾器或特制的喷粉枪进行。喷粉时要用力均匀，不要过快、过慢、过猛。要顺风进行，使花粉均匀落在柱头上。喷粉机距花远近以喷粉中不使花序摇动又稍有吹动为宜。

(3)机械喷雾　果树人工授粉工作量大，可采用机械喷雾法。小面积时可用农用喷雾器；大面积时可采用机动喷雾器。喷雾一定要喷均匀，用量一定适中，一般对大树，1 min可喷两三棵，每株用花粉水悬液7.5～12.5 kg。

7. 挂牌与解袋

授粉后要用纸袋或纱袋重新隔离，并挂号标牌，以防不同处理的混淆。授粉后5 d，花冠凋萎，柱头干枯，应及时除袋，以利果实生长发育。

五、结果与分析

(1)比较不同授粉方法的优缺点，提出改进建议。

(2)对不同植物、不同品种人工辅助授粉与自然授粉的坐果率、种子质量和果实品质等进行调查，对比分析，提交人工辅助授粉效果报告。

（张江红　魏珉）

实验二十三　园艺植物的疏花疏果

一、实验目的

以收获果实(或种子)为生产目的的园艺植物，如花量过大，坐果过多，植株负载量过重时，既影响果实大小和品质，又影响多年生园艺植物的新梢生长和花芽分化。因此，正确运用疏花疏果技术，调节坐果数量，使植株合理负载，是提高果实品质和调节多年生园艺植物大小年的重要措施。

通过实际操作，学习园艺植物的疏花疏果方法，并掌握其技术要点。

二、实验原理

根据植株的预期产量进行疏花疏果，并分析疏花疏果后对果实品质和多年生园艺植物新梢生长和成花状况的影响，以评价疏花疏果的效应。

三、材料与用具

(1)材料　苹果、桃、葡萄、柑橘、枇杷、番茄等园艺植物。

(2)用具　枝剪、果剪、剪刀。

四、实验内容

选择一种或几种园艺植物，预计单位面积产量并折算出单株产量和留果量。根据预期产量或留果量分期分批完成疏花疏果计划。果实成熟后采果分析果实品质。对于多年生园艺植物还可在休眠期调查树体新梢生长状况和成花情况。

疏花疏果实验持续时间长，各地可结合具体情况选做其中部分内容。

(一)确定留果量

各地结合当地的生产经验和栽培管理技术水平，先确定适宜的留果量，然后以此为依据进行疏花疏果。

$$\text{平均单株留果(穗)量}=\frac{\text{预期单位面积产量}}{\text{单位面积栽培株数}\times\text{平均单果(穗)重}}$$

(二)疏花疏果

1. 苹果疏花疏果

苹果的疏花疏果一般在花后 1 周到 6 月生理落果期间完成。一般分两次进行，第 1 次为粗疏，初步调整幼果距离、密度和部位等，其留果量应多于预留量，落果较严重品种要多 1 倍以上；第 2 次是定果，在 6 月落果前进行，只留下应负担的果量，或略多一点。

在疏花疏果时，应根据树势强弱和树体大小确定具体单株的适宜负载量，还应根据树体中各主枝的大小、强弱来合理分担产量。一般强树、强枝多留花果，病弱树、弱枝少留；果苔副梢生长势强的多留，弱的少留或不留。

在具体操作时，可按多种习惯做法进行，如按 20～50 片叶留 1 果(大果型品种(40～50)：1，中果型品种(30～40)：1，矮化树(20～30)：1)；或按 15～20 cm 距离留 1 果；或按果枝比例每 2～4 个长新梢或 5～6 个短新梢(包括叶丛枝)留 1 果；或花多时隔码(花序)留单果或隔双码、多码留双果，花少时隔码留双果或三果，等等。

疏果时应在果梗中间剪断，勿伤果苔，保护好留下来的莲座叶和附近的果实。

2. 桃树疏花疏果

桃树的疏花疏果包括疏花(蕾)和疏幼果。

疏花从大花蕾开始，到落花前疏完。疏花时要留有余地。留早开的花、色深的花、枝条两侧的花、发育正常的完全花和健壮果枝上的花；疏晚开的花、色淡的花、着生在枝条上下位的花，以及细弱枝、更新预备枝上的花。具体操作时先疏树冠上部，后疏下部；先疏内膛，后疏外围；先疏主侧枝延长枝、预备枝，后疏结果枝。留花标准是：长果枝结2～3个果，留4～5朵花；中果枝结1～2个果，留2～3朵花；短果枝或花束状果枝结1个果，留2朵花；徒长性果枝结5～8个果，留8～14朵花。

疏果在果实硬核期进行。先疏双果、病虫果、黄萎果和畸形果，再疏无叶果和小果。枝组上部多留，下部少留；强壮枝多留，弱枝少留。一般长果枝留3～4个果，中果枝留2～3个果，短果枝留1～2个果，花束状果枝留1个果或不留，主侧枝头一般不留。长果枝留中部果，以侧果和下向果为好；短果枝留顶部果。

3. 葡萄疏花疏果

鲜食葡萄必须进行疏花疏果，以使果穗紧凑和果粒大小均匀。葡萄的疏花疏果包括疏花序、掐花序尖、掐副花序、疏花蕾和疏幼果等。

疏花序在开花前半个月左右进行。长势中等的结果枝留1个花序，少数壮结果枝留2个花序，弱枝不留花序。一般选留发育充实健壮的花序，疏除发育不良的瘦小花序。根据产量计划调节好架面的花序数。

掐花序尖和掐副花序与疏花序同时进行。一般掐去花序末端1/5～1/3，并疏除选留花序上发育不良的1～2个副序(穗)。

疏花蕾在开花前5～10 d进行，用手轻掐花序，使部分花蕾脱落。

疏幼果在坐果后进行、疏除密挤果和发育较差的小果。果实成熟采收时，疏除裂果和着色不良的绿色果，使穗形美观。

4. 柑橘疏花疏果

柑橘树体花量很大，如结果过多，不仅影响果实大小和品质，而且抑制新梢生长，削弱树势，形成大小年。近年来温州蜜柑以中小扁平果受市场和消费者欢迎，生产中无需疏花疏果；而柚类、橙类等，一般需要进行疏花疏果。

柑橘的疏花疏果包括疏花枝、疏花和疏幼果等。

疏花枝在春梢萌发后能识别花蕾时进行。如花量过大，可抹除无叶花枝、无叶花序枝、密生花枝及结果母枝顶端和基部生长较弱的花枝；留结果母枝中部的花枝，每结果母枝可留2～4个花枝。

疏花在花蕾露白后进行，尤其是柚类花穗大、每花穗着花多应注意疏花。疏除花穗顶端和基部的花蕾，留花穗中部的2～4个花蕾。

疏果一般分两次进行。第1次在生理落果后进行，第2次在秋梢结果母枝发生前进行。疏除病虫果、机械伤果、畸形果、密生果及树冠内膛和下部发育不良的小果。疏果时应将萼片留在果枝上，并尽量保全叶片。

疏果可以叶果比为标准进行，如橙类一般叶果比为(50～80)∶1。因树龄、树势不同，疏果标准也有差异，一般弱树多疏，旺树少疏或不疏；大年树多疏，小年树少疏或不疏。

5. *枇杷疏花疏果*

枇杷的疏花疏果包括疏花(序)和疏幼果。

疏花(序)在冬季无冻害的地方于花序抽尽时进行；在有冻害的地方要待冻害过后结合疏去受害花序进行。疏除的对象是细弱的、过密的、过早的、过迟的花序。疏花程度因品种、树势而异。一般一母枝上有2～3序的疏去1序，有4～5序的疏去2序，大果品种5序应疏去3序。对于1个花序，可疏除花序的顶部和基部的小花轴，仅留中部6～8个小花轴。

疏果宜在幼果稳定后进行。在无冻害地区，通常在2月上旬幼果如花生米大时进行；在有冻害地区，则应在寒潮过后的3月中旬至4月上旬进行。先疏除病虫果、畸形果、冻害果，再疏去过密果。每穗留果数依地区、品种和树势而定。大果品种留2～5果，中果品种留4～8果，小果品种留7～10果。强枝强穗多留，弱枝弱穗少留。只有2～3片叶的母枝宜全部疏除。

6. *番茄疏花疏果*

番茄如果一苔花结果过多，会导致果实大小不整齐，商品性差。

疏花疏果的方法：一般大果型品种每苔留果3～4个，中果型品种每苔留果5～6个，第1、2苔可适当少留，防止坠秧。具体方法是在植株坐果后，一般采取“掐头去尾留中间”的办法，即疏除一苔果的第1个果、最后的小果或花以及畸形果，留中间靠前的果实。

五、结果与分析

(1)果实成熟时采集样品果，调查平均单果重或平均穗重、果实大小整齐度、果实着色情况及果实可溶性固形物含量等，分析疏花疏果对果实大小和品质的影响。

(2)休眠期调查疏花疏果后树体新梢发生数量、新梢平均生长量(长、粗)及新梢上花芽着生情况(休眠期可从外观识别花芽的树种)等，分析疏花疏果对多年生园艺植物枝梢生长和花芽形成的影响。

(3)依据实验结果，综合分析疏花疏果的效应。

（李国怀　李汉霞）

实验二十四　果园施肥技术与方法

一、实验目的

1. 了解果树施肥的时期、肥料种类、施肥量确定的依据。

2. 通过实际操作，了解果树根系分布特点及其与施肥的关系；掌握果园施肥方法，并了解各种施肥方法的优缺点。

二、实验原理

营养是果树生长与结果的物质基础。果树在其生活过程中需要多种营养元素，主要包括大量元素和微量元素。需要的大量元素包括碳(C)、氧(O)、氢(H)、氮(N)、磷(P)、钾(K)、钙(Ca)、镁(Mg)和硫(S)；需要的微量元素有铁(Fe)、铜(Cu)、锰(Mn)、硼(B)、锌(Zn)、钼(Mo)和氯(Cl)。其中碳、氧和氢来自于空气的二氧化碳和土壤中的水，其他元素则从土壤中获取。施肥就是供给果树生长发育所必需的营养元素，再加之果树营养特点与一年生作物不同，因此科学合理的施肥是保证果树早果、丰产、优质的重要措施。

三、材料与用具

(1)材料　苹果、梨、葡萄、桃等果树的幼龄或成龄果园，因地制宜地选择一种或几种肥料，如土杂粪、厩肥、堆肥、腐熟人粪尿、草木灰、作物秸秆、杂草、腐叶土、果树专用肥、复合肥、硫酸铵、尿素、过磷酸钙、硫酸钾、磷酸二氢钾及硼砂等微量元素，果树专用营养注射液。

(2)用具　锹、镐、筐、水桶、喷雾器、土钻、铲刀、专用吊袋、电钻、量筒、小推车或拖拉机等运输机械等，根据所采用的施肥方法，灵活选用工具。

四、实验内容

果树施肥方法，应根据根系分布状况、施肥时期、肥料种类、树种和树龄、土壤条件等确定。实验时可根据教学安排和当地的具体条件，选择一种或几种方法实际操作或演示，并结合了解其他方法。

(一)土壤施肥

根据开沟形状和肥料施用方式不同，分为下列几种方法。

1. 全园撒施

将肥料均匀撒于果园地面上然后翻入土中，深度 20～30 cm。此法适用于根系已布满全园的成年果园或密植果园，全园撒施可使各部分根系都得到养分供应。全园措施可结合果园机械耕翻进行施肥，劳动效率高。

2. 树盘撒施

将肥料撒于树盘中，结合刨树盘，将肥料翻入土中。葡萄施肥常用此法，也适于其他幼龄果园果树的追肥。

3. 环状沟施

于树冠下沿树冠垂直投影外缘，向外挖一宽 30～50 cm、深达根系集中分布层(30～50 cm)的环状沟。将肥料撒入沟内或肥料与土混合撒入沟内，然后覆土。此法挖沟易切断水平根，且施肥范围较小，一般多用于幼树。基肥、追肥均可采用，若结合改良，沟的宽度及深度可适当加大。

4. 放射沟施

于树冠下距主干 1 m 左右，以主干为中心，根据树冠大小，向外呈放射状挖 4～8 条施肥沟。沟宽 20～40 cm，内窄外宽。沟深内浅外深，20～50 cm；将拌匀的肥料施入沟内后覆土。此法适用于成年果园施肥。注意不要伤及大根。此法是一种比较好的施肥方法，可以有效地改善树冠投影内膛根系的营养状况。但在密植园或矮干栽培的情况下操作不便。

5. 条沟施肥

在果树行间开沟，沟的位置在树冠投影边缘，沟宽 50～100 cm，深 30～50 cm,将肥料放于沟内，然后覆土。若树冠已交接，可采用隔行开沟，次年轮换，以免一次伤根太多。此法适用于成龄果园施基肥，尤其适于密植园。此法可机械开沟，劳动效率较高。

6. 穴施法

于树冠下挖若干个孔穴，穴深 20～60 cm。将肥料施于穴内后，上面覆盖密封。穴的多少，可根据树冠大小及施肥量而定。此法适于追施磷、钾肥，也适于其他速效性肥料的追肥。在干旱或缺肥水地区，可采用此法进行穴贮肥水，提高肥水利用率。一般是将穴内插入草把，施入肥水后用石板或砖头等密封。一穴可多次浇施肥水。在干旱地区，施肥效果显著。

7. 注入施肥法

即将肥料注入土壤深处，定位施肥。一般用土钻打眼，钻到根系集中分布区，然后将稀释的化肥或腐熟的肥水注入穴内，适于密植果园。

8. 压绿肥

压绿肥的时期，一般在绿肥作物的花期为宜。压绿肥的方法是在果树行间开沟，山地果园可挖树穴，将绿肥压在沟或穴内，一层绿肥一层土，压后灌水，以利绿肥腐烂分解，压绿肥也可追施少量碳铵，促进分解。干旱地区可在雨季进行压绿肥。

以上方法可根据具体情况选用。总原则是，基肥宜深，追肥可浅，将肥料施于吸收根最多的地方。要注意尽量少伤大根，施肥后要及时灌水。

(二)液态施肥

液态施肥又称灌溉式施肥，是指在灌溉水中加入适宜浓度的肥料一起浇灌土壤，此法适用于具有喷滴设施的果园采用。灌溉施肥具有肥料利用率高、肥效快、肥料分布均匀、不伤根、节省劳力等优点，尤其对于追肥来说，灌溉施肥是果树施肥发展的方向之一。

可根据教学安排和当地的具体情况，选择具备条件的果园进行参观学习。

(三)根外施肥

1. 叶面喷肥

在生长季将易溶于水的肥料，配成一定浓度的溶液，喷布在叶面上，通过叶片的气孔和角质层吸收。叶面喷肥的使用浓度应根据肥料种类、树种、品种、树体营养状况、物候期、气温等条件而定，在使用前最好先做小型试验，确保施用后无肥害，方可大面积应用。对于一般肥料喷施0.3%～0.5%的浓度，比较安全可靠。在多种肥料混合施用时，要注意不影响肥效，同时保证总盐的浓度在安全浓度范围内。常用肥料的安全使用浓度见表1。

表1 叶面喷肥常用肥料浓度

肥料	喷施浓度
尿素	0.3%～0.5%
过磷酸钙	1%～5%浸出液
草木灰	3%～10%浸出液
腐熟人粪尿	10%～20%
硫酸钾或氯化钾	0.5%～1%
硼砂	0.1%～0.3%
硫酸锌	0.05%～0.2%
硫酸铜	0.02%～0.4%
磷酸二氢钾	0.2%～0.3%

叶面喷肥最好选择无风阴天或晴天上午10点前、下午4点后进行。喷施浓度可根据当天的气温、湿度以及物候期等，在使用浓度范围内进行适当调节，一般气温高、空气干燥或处于萌芽、开花期浓度宜低，以免发生肥害。阴雨天也不要叶面喷肥，叶片吸收少而淋失多。喷药时要喷布均匀，着重喷施细嫩叶片和叶片背面，以利于叶片对肥料的吸收。

2. 主干输肥

主干输肥是将果树生长发育所必需的大量元素及其多种微量元素和有机营养成分，按一定的比例科学配制成营养液，将药液通过外力或重力注入主干后，靠蒸腾作用通过输导组织输送到树体的每个部位的施肥方法。其主要特点是起效快，用肥量少，作用持久，成本低且对环境的污染小等，对于易被土壤固定的元素的施入效果更佳。

(1)施用时期　果实采收后至开花前均可，采收后1个月内注射效果最佳。

(2)输肥技术　将果树专用营养注射液按说明书浓度稀释，一般稀释到30～50倍的水溶液，在主干基部选平滑无伤处钻孔，主干周长10 cm以下钻一个孔，10 cm以上钻2个孔，孔径5～5.5 mm，钻孔时保持钻头与主干的夹角为80°，孔的深度一般为主干直径的1/2～2/3(主干直径在15 cm以上时，深度为整个钻头的长度)，并清除孔内木屑。

将单株所需的稀释好的水溶液装入专用滴注袋，垂直挂于距地面1.5 m高的枝杈上，并排出管中气体，然后将滴注头插入钻孔即可。输肥完毕后，用泥土封住钻孔，以利于伤口愈合。也可采用强力注射器注射，一般压力为10 kg/cm^2。

五、结果与分析

(1)掌握土壤施肥的技术关键，比较分析几种土壤施肥法的异同点。

(2)叶面喷肥的技术关键有哪些?

（许建锋　张玉星）

实验二十五　果实套袋技术

一、目的要求

通过本实验了解果实纸袋的种类，掌握套袋的时期及其田间操作技术。观察对比套袋对果实色泽发育、果实品质的影响。

二、实验原理

生产中常由于喷药、降雨、病虫害等原因，造成果实着色不良和果面光洁度差、农药残留斑点，严重影响果实的商品质量。果实套袋使果面光洁美观，有效减少果实的病虫危害，降低农药残留量，提高果实的外观品质和果园的经济效益。

三、材料与用具

苹果或梨盛果期植株，各种果袋，捆扎铁丝等。

四、实验内容

(一)套袋技术

1. 果袋的选择

目前市场上的纸质果袋种类很多，应针对不同的树种和果品色泽的不同，选择强度较大，耐雨水淋刷，耐日晒，耐风吹，具有较强透隙度的优质果袋，果袋长期挂在树上不变形、不破裂。优质双层袋对增进果实外观品质的效果优于单层袋。红富士等红色苹果品种，选用外灰内黑的双层袋，单层袋可选用外灰内黑的纸袋，规格一般为 150 mm×(184～188) mm。黄冠梨等选用遮光性较强的内袋黑色外袋浅黄褐色或内袋黑色外袋深红褐色的双层袋，也可选用内面黑色外面灰色的单层袋，规格一般为(120～190) mm×(140～160) mm。中华寿桃等桃品种，选用外袋深红褐色内袋黑色或外袋浅黄褐色内袋黑色的双层袋，规格一般为 170 mm×230 mm。红地球等葡萄品种选用半透明纸质或纸质较厚的专用葡萄袋，规格一般为(215～290) mm×(330～360) mm。

2. 套袋前准备工作

套袋栽培的果树，要求进行良好的人工辅助授粉和严格的疏花、疏果。套袋前完成疏花、疏果工作，按照合理的叶果比确定载果量。必须全面喷一次杀菌杀虫混合剂，重点喷布果实，待药液充分晾干后方能套袋。

3. 套袋时间

套袋适宜时期为生理落果后的初期，定果后马上进行，2～3 周内完成。套袋时间应以晴天上午 9～11 时和下午 2～6 时为宜。

4. 套袋操作方法

选定要套袋的幼果后，手拖纸袋，撑开袋口或用嘴吹气使袋鼓起，袋底两角的通风放水孔张开，将袋套在幼果上，使幼果果柄靠在袋口中间，从袋口两侧折叠袋口至果柄处，将捆扎铁丝折回固定；也可使幼果果柄靠在袋口一侧。从另一侧依次折叠袋口至果柄处，将捆扎铁丝折回固定。

套袋操作时不要用力向下拉，以免将幼果揪下。袋口一定要扎紧，防止被风吹掉。每棵树按先内后外、先上后下的顺序套袋。

5. 除袋

需要着色的品种采前要除袋，一般在采前 20～30 d 进行，单层袋的可将纸袋撕成伞状，在果实上保留 4～5 d 再完全除去。双层纸袋的先将外层袋撕开，5～7 d 后除去内袋。苹果易着色品种可在采前 15 d 左右除袋，过早着色过度，色暗。一般在果面温度较高的中午前后除袋为宜，防止果实所处环境温度的骤然变化引起日烧。不需要着色的品种可以带袋采收，可以有效减少对果皮的伤害。

(二)促着色套袋配套技术

1. 摘叶转果技术

为了保证套袋后的果实全面着色，需要摘叶转果。摘叶就是将直接影响果实光照的叶片摘除，一般分 1～2 次进行，摘叶数量最多不超过总叶片数量的 20%，摘叶过多影响植株养分积累，降低第二年的产量品质。转果就是将果实转动一定角度，使不见光的阴面部分见光，促进果实全面着色。转果在除袋后 1 周左右开始，共进行 2～3 次。转果时注意用力适当，每次转动的角度要小，尤其果柄较短的品种更要注意，否则极易将果拧掉。

2. 铺设反光膜

树冠中下部和北侧的果实光照条件较差，果实萼片部位也不易见光，因此着色较差。在树冠下铺设反光膜可以将射到地面的光反射到树冠内，使树冠中下部和北侧的果实以及果实萼片部位也见光，从而使果实全面着色。反光膜铺设时间以内袋除去后 1 周左右为宜，铺后至采收 20 d 左右。每 667 m^2 铺设 350～400 m^2 即可。要保持膜平整干净。

五、结果与分析

(1)选择一个树种，比较不同纸袋的套袋效果。

(2)分析果实套袋的优缺点。

（张玉星　张江红）

实验二十六 鲜切花的采收与分级

一、实验目的

通过本实验，学生应了解和掌握鲜切花采收与分级方法，能判别不同种类鲜切花采收适期，并合理采收和准确分级。

二、实验原理

鲜切花是自活体植株上剪切下来专供插花及花艺设计用的枝、叶、花、果等的统称，包括切枝、切叶、切花和切果等。

鲜切花的采收是将花、枝、叶、果等器官从植株体上切取下来，它们统称是植物体的离体器官，常根据其发育成熟的程度作为鲜切花采收的重要指标。

鲜切花的分级是以切花的整体感、花形、花枝和病虫害及机械损伤程度等指标作为依据。整体感是指花朵、花序、花茎、叶片的整体观感，包括是否完整、新鲜、匀称等；花形是指花冠的形态，即花瓣在花托上组合排列的状况，常因花卉种类不同而异，也是花卉分类的重要形态特征；花枝是指着生花的枝，其上有节、节间和叶片或分枝；病虫害则指枝、叶、花和果等部位遭受害虫危害或细菌、病毒、真菌、线虫等病原菌的侵染，导致植物组织穿孔、缺损、发育不良、各种病症、组织腐烂、坏死、变色等伤害；机械损伤是指由于粗放操作或由于贮运中的挤压、振动等造成的物理伤害。

三、材料与用具

(1)材料　月季、唐菖蒲、香石竹、切花菊等。

(2)用具　剪枝剪、去刺器、尺子、塑料桶等。

四、实验内容

(一)采收

选择花、枝、叶或果实最合适的时期采收，不同花卉种类采收时期不同。如果采收过早，所切器官自身糖分含量较低，影响切花质量，造成花序上的小花不能全部开放；采收过迟，则瓶插寿命缩短，直接影响贮藏和运输。采收时间均应在每天清晨或傍晚进行，以保证有足够的空气湿度，有利于切花保鲜，切忌在中午前后进行。

月季的采收应在满足枝长的同时，至少保留 2 枚奇数羽状复叶，用剪枝剪剪下，马上放入盛水的塑料瓶内；唐菖蒲的采收在蝎尾状花序下部第 1～5 个花蕾现色时进行；香石竹的采收在花朵半开放时切取；切花菊的采收视品种而定，小菊当主枝上的花盛开、侧枝上的花色鲜艳时采收，大菊则在头状花序内已显露出舌状花且色泽鲜艳时进行采收。

(二)分级

分级采用我国 2000 年 11 月 16 日发布，2001 年 4 月 1 日正式实施的中华人民共和国国家标准《主要花卉产品等级》(GB/T 18247)第一部分——鲜切花。

1. 鲜切花质量等线划分公共标准

一级品：整体感、新鲜程度很好，成熟度高，具有该品种特性。无病虫害、折损、擦伤、压伤、冷害、水渍、药害、灼伤、斑点、褪色。

二级品：整体感、新鲜程度好，成熟度较高，具有该品种特性。无病虫害、折损、擦伤、压伤、冷害、水渍、药害、灼伤、斑点、褪色。

三级品：整体感、新鲜程度较好，成熟度一般，基本保持品种特性。有不明显的病害、折损、擦伤、压伤、冷害、水渍、药害、灼伤，斑点、褪色。

2. 主要鲜切花质量等级划分

(1)月季切花质量等级划分标准(*Rosa hybrida* 蔷薇科蔷薇属)

一级品：花色纯正、鲜艳具光泽，无色变、焦边，花形完整，花朵饱满，外层花瓣整齐，无损伤。花茎：质地强健，挺直，有韧性，粗细均匀，无弯颈。长度：大花品种≥80 cm，中花品种≥55 cm，小花品种≥40 cm。叶片：叶片大小均匀，分布均匀，叶色鲜绿有光泽，无褪绿，叶面清洁平展。

二级品：花色鲜艳，无变色、焦边，花形完整，花朵饱满，外层花瓣较整齐，无损伤。花茎：质地较强健，挺直，有韧性，粗细较均匀，无弯颈。长度：大花品种 65～79 cm，中花品种 45～54 cm，小花品种 35～39 cm。叶片：叶片大小均匀，分布均匀，叶色鲜绿，无褪绿，叶面清洁平展。

三级品：花色良好，略有变色、焦边，花形完整，外层花瓣略有损伤。花茎：质地较强健，略有弯曲，粗细不均，变弯颈。长度：大花品种 50～64 cm，中花品种 35～44 cm，小花品种 25～34 cm。叶片：叶片大小分布较均匀；叶片略有褪色，叶面略有污物。

(2)唐菖蒲切花质量等级划分标准(*Gladiolus hybridus* 鸢尾科唐菖蒲属)

一级品：花色纯正、鲜艳具光泽；花形完整，花序丰满。大花品种≥20 朵，小花品种≥14 朵。花茎：挺直，粗壮，有韧性，粗细均匀。长度：大花品种≥120 cm，小花品种≥100 cm。叶片：叶片厚实，叶色鲜绿有光泽，无褪绿，无干尖；叶面清洁、平展。

二级品：花色鲜艳、无褪色；花形完整，花序丰满。小花数量：大花品种 16～19 朵，小花品种 10～13 朵。花茎：挺直，粗壮，有韧性，粗细较均匀。长度：大花品种 100～119 cm，小花品种 80～90 cm。叶片：叶色鲜绿，无褪绿，略有干尖；叶面清洁、平展。

三级品：花色一般，略有绿色；花形完整，花序较丰满。小花数量：大花品种 12～15 朵，小花品种 6～9 朵。花茎：略有弯曲，较细弱，粗细不均。长度：大花品种 80～90 cm，小花品种 60～70 cm。叶片：叶片略有褪色，干尖；叶面略有污物。

(3)香石竹切花质量等级划分标准(*Dianthus caryophyllus* 石竹科石竹属)

一级品：花色纯正、鲜艳、具光泽，花形完整，花朵饱满，外层花瓣较整齐。最小花茎：大花品种，5.07 cm 紧实，6.2 cm 较紧实；多头品种，2.0 cm紧实。花蕾数量：大花品种 1 朵，多头品种≥7 朵。花茎：挺直、强健、有韧性，粗细均匀。长度：大花品种≥80 cm，多头品种≥60 cm。叶片：叶片排列整齐，分布均匀；叶色鲜绿有光泽，无褪绿，无干尖；叶面清洁。

二级品：花色鲜艳具光泽，花形完整，花朵饱满，外层花瓣较整齐。最小花径：大花品种，4.4 cm 紧实，5.6 cm 较紧实；多头品种，1.5 cm 紧实。花蕾数量：大花品种 1 朵，多头品种 4～6 朵。花茎：挺直，较强健，粗细较均匀。长度：大花品种 65～79 cm，多头品种 50～59 cm。叶片：叶片排列整齐，分布均匀，叶色鲜绿，无褪绿，无干尖，叶面清洁。

三级品：花色一般，花形完整，花朵较饱满。最小花径：大花品种，4 cm 紧实，5.2 cm 较紧实；多头品种，1.7 cm 紧实。花蕾数量：大花品种 1 朵，多头品种 3 朵。花茎：略有弯曲，较细弱，粗细不均。长度：大花品种 55～64 cm，多头品种 40～49 cm。叶片：叶色排列整齐，叶色略有褪色，干尖，叶面略有污物。

(4)菊花(大花类)切花质量等级划分标准(*Dendran themaxgrandi florum* 菊科菊属)

一级品：花色纯正、鲜艳具光泽，花形完整，端正饱满，花瓣均匀对称，花径≥14 cm，花茎：挺直、强健、有韧性、粗细均匀，与花序协调；花颈梗长＜5 cm，花茎长度≥85 cm。叶形和色泽：亮绿，有光泽，完好整齐。

二级品：花色纯正、鲜艳，花形完整，端正饱满，花瓣均匀对称，花径12～14 cm，花茎：挺直、强健、有韧性、粗细较均匀；花颈梗长 5～6 cm，花茎长度 75～84 cm。叶形和色泽：亮绿，有光泽，较完好整齐。

三级品：花色一般，略有褪色、焦边，花形完整，较饱满，花瓣均匀对称。花茎：略有弯曲，质地细弱，粗细不均；花颈梗长＞6 cm，花茎长度 60～74 cm。叶形和色泽：稍有褪色。

五、结果与分析

(1)每名学生选择 2～3 种鲜切花，进行采收分级，将实验结果对比，并与实际生产中的结果进行比较分析，提出改进方案。

(2)调查分析鲜切花生产和经营中存在问题，并提出解决措施。

(肖建忠　兰海波)

实验二十七　果园规划与建园

一、实验目的

通过实验，学会根据园地具体情况进行果园规划设计和建园的一般步骤和方法，掌握果树栽植技术。

二、实验原理

果园的规划与设计要依据果树生长发育的特点及其对环境条件的要求，综合考虑当地的气候、土壤、水利、地理位置等自然条件与市场需求、流通状况、交通条件等社会经济条件，考虑建园者的经营目标和投入能力，在园地调查的基础上，对栽植果树的种类、品种和土地利用等进行科学合理的配置与安排。

三、材料与用具

(1)材料　选择规划合理、建园规范的生产果园进行参观调查，然后以适宜场地作为规划对象；选择苹果、梨、桃、柑橘等苗木为材料。

(2)用具　水准仪、平板仪、标杆、木桩、塔尺、比例尺、直尺、铅笔、绘图笔、绘图纸等测绘用具；修枝剪、铁锹、皮尺、测绳、石灰、粪肥等。

四、实验内容

对参观的生产果园就土地利用状况和种植的树种、品种、树形、密度等进行详细的调查；选择适宜的场地进行果园规划。

(一)园地调查

在进行果园规划以前，必须对建园地的地况、气候、土壤、水利条件、植物和土地利用状况等环境条件和资源、社会经济及人文条件、市场状况等进行周密调查，作为规划设计的依据。

(1)地况　包括园地位置、面积、界限和交通状况，园地的海拔高度、坡度、坡向和地形等。

(2)气候　包括最高、最低温度，年平均温度和月平均温度，年降雨量和雨量分布情况，终霜期、初霜期和无霜期日数，不同季节风向、风力和自然灾害等气象条件。此外，还需了解有无工业污染源等。

(3)土壤　包括土壤的母质和母岩、土壤类型、土层深度、土壤肥力、有机质和养分含量、酸碱度、地下水位、水源水质和肥源状况、土壤冲刷状况等。

(4)植物和土地利用状况　包括原有果树栽培及分布情况(包括各树种和品种

的生态反应、病虫危害情况等)、粮食作物及其他经济作物栽培情况、野生植物的种类和分布等。

(5)社会调查　包括人口和劳动资源、果树栽培的技术力量、经济发展状况、果品生产与市场状况等。

调查完毕写出书面报告，并绘制不小于1/1 000的园地利用现况图和地形图，如果土壤类型和土层深度在全园有明显变化，还需绘制土壤分布图和土层深度图。在供作规划和设计的地形图上平均每0.5 m高差需绘一等高线，山地和丘陵地每1 m高差应绘一等高线。

(二)果园规划设计

1. 果园土地规划

一般大型果园中，果树栽培面积应占总面积的80%～85%，防护林占5%～10%，道路占4%，管理用房、产品分级包装、贮藏用房、养蜂场、绿肥基地、粪地、配药场地等占4%～6%。

(1)种植小区规划　大型果园中，一个小区的面积可达8～20 hm^2，丘陵和山地地形较复杂，可以2～5 hm^2 为一小区。小区的形状以长方形(如2∶1或3∶1)为好，长边与防护林主林带平行，在山地则与等高线平行。

(2)道路的规划　果园的道路系统由主路、干路和支路组成。主路要求位置适中，贯穿全园，便于运送产品和肥料。一般宽6～7 m，主路两侧栽植防护林及排灌渠道；干路一般是小区的分界线，与排灌渠道并行，宽度4～6 m；支路主要为人行道，一般1～3 m。

(3)防护林体系　小果园可只设环园保护林，大型果园则应包括主林带和副林带。一般主林带应设置为与当地主风向垂直的方向，如华北地区以西北风为主，主林带在果园西北面为宜，若不方便与主风方向垂直时，可有不大于25°～30°的偏角。主林带内栽植乔木树种4～8行，林带的距离可视果园面积和挡风害大小而定。副林带是与主林带相垂直的辅助林带，一般栽种一两行乔木树种。林带通常与果园小区边界、道路、排灌系统一起设置。

(4)排灌系统　为省地节水，果园灌水应以地下管道为主，提倡喷灌、滴灌。排水系统可采用明沟或暗沟方式。

(5)建筑和其他　分级包装、果品贮藏库、肥料农药库房、药物配制等场地，应建在交通方便之处。

2. 果树种类及品种的配置

根据园地条件、经营方针、市场状况和果树的生态、生育习性等各种因素，确定各小区栽培果树的种类和品种、栽植密度及拟采用的树形等。

(三)规划图的绘制与说明

1. 规划图的绘制

果园规划完成后，将规划设计结果在地形图上按比例绘制成规划图。要求绘出每个小区的位置并进行编号，在图的一角注明各小区安排栽植的树种和品种；绘出果园内道路的位置和宽度；绘出排灌系统的设置，并附图绘制排灌渠道的剖面图；绘出防护林带的位置，并附图绘出主副林带的栽植方式。

在规划图中注意用图例表示道路、防护林、排灌系统、建筑物等设施。

2. 规划图的说明

规划图绘制完以后，还要有对规划进行的文字说明及施工要求。

(1)小区　说明每个小区的面积、树种和品种、授粉树的配置、栽植距离、栽植方式、每小区的栽植株数，全园栽植果树的总面积、总株数，每个树种的总面积、总株数，早、中、晚熟树种和品种所占的比例。

(2)道路　说明主路、支路、小路的宽度，路边的行道树种，栽植距离，路边排水沟的宽度和深度。计算出道路占全园总面积的百分数。

(3)灌水排水系统　说明主渠、支渠的宽度和高度，排水沟的宽度和深度。计算排灌系统占全园总面积的百分数。

(4)防护林　说明主林带和副林带行数、树种(乔木和灌木)、栽植方式、距第一行果树的距离。计算防护林占全园总面积的百分数。

(5)建筑物　说明建筑名称、面积、要求，计算其占全园总面积的百分数。

(四)果树栽植技术

1. 整地

按照规划进行整地，如果园地是丘陵和山地，则须修筑梯田或撩壕。

2. 定点、挖穴

平地测定植点，按照要求的株行距，在测绳上做好记号，用拉绳法测定植点。首先在小区的四周定点，按测绳上的记号插木桩或撒石灰。如果小区较大，应在小区的中央定出一行定植点，然后拉绳的两端，依次定点。

定植穴的大小依土壤性质和环境条件而定，一般可挖0.7～1 m见方的栽植穴，挖穴时应将表土和心土分置。穴挖好后，将20 kg左右的优质有机肥与部分表土混合填入穴底，堆成丘状，然后浇水使其沉实，几天后土不黏时即可栽植。

在密植园或种植葡萄等利用架材的，可开成沟槽，沟的深度和宽度都在0.7～1 m之间。为了在栽后几年不深施有机肥，可在沟的最底层放入秸秆，在秸秆上面再施入混土的粪肥。

3. 苗木准备

将苗木按品种进行核对、分级、挂牌，以利栽后管理，剔除混杂的苗木和病苗、弱小苗。对苗木根系要进行修剪，将断伤的、劈裂的、有病的、腐烂的和干死的根剪掉。

远地运来的苗木，由于运输过程中易于失水，最好在栽植前用清水浸泡根系0.5～1 d，或在栽植前把根系蘸稀泥浆，以提高栽植成活率。为预防苗木携带病菌，可用石硫合剂或其他杀菌剂对苗木进行消毒处理。

4. 栽植

按品种栽植计划将苗木放入坑内使根系均匀舒展地分布在穴内的土丘上，同时进行前后、左右对直，校正位置。然后一人扶直苗木，另一人填土，先填与土粪混匀的表土，边填边踏实，并随时将苗木轻轻上下提动，以使根系与土壤密接，最后将心土填入穴内，再踩实，苗木四周修直径1 m的灌水盘，栽后立即灌透水。要求土壤下沉后苗木根颈与地面相齐。

5. 栽后管理

在风大的地区，苗木栽后要设立支柱，把苗木绑在支柱旁，以免苗木倒伏。待水完全渗进后，为防止水分蒸发，促进根系恢复生长，可覆盖1 m^2 左右大小的塑料薄膜。成活后芽萌动前进行定干。

五、结果与分析

(1)对参观的生产果园就土地利用和果树配置状况等写出调查报告，绘制果园现状平面图。

(2)选择适宜的场地进行规划，绘制规划图并制定设计说明。

（宋尚伟）

实验二十八　蔬菜种植园的规划与建设

一、实验目的

通过本实验，掌握蔬菜种植园规划的一般方法，以及大棚、温室的设计与建筑要求。

二、实验原理

蔬菜种植园应根据用途及规模来安排规划的内容。塑料大棚和温室是利用“温室效应”原理来进行蔬菜生产的，应在设计上考虑到采光与保温的要求，以提高塑料大棚和日光温室的生产性能。

以日光温室为主的种植园在规划上应考虑日光温室的类型、日光温室群的布局、道路、灌排系统、办公室、仓库及加工车间等；以现代化温室为主的种植园在规划上应考虑现代化温室的类型、规模、布局、加温降温系统以及道路、灌排系统、办公室、仓库、车库以及加工贮藏车间等；以大棚生产为主的种植园在规划上应考虑大棚的规模、类型、方位、棚群布局、道路及灌排系统等；以露地生产为主的种植园在规划上主要考虑种植园的地理位置、交通条件、种植园内道路及相应灌排系统等；综合性种植园在规划上应考虑各种温室、大棚、露地种植的面积比例(依生产的蔬菜种类及市场供应而定)以及各附属设施的规划。

三、材料与用具

(1)材料　选择蔬菜种植园实地，购置温室、大棚建造与施工的录像或光盘资料。

(2)用具　种植园的设计用具有图板、直尺、计算器等，结构调查用具有皮尺、钢卷尺、测角仪等。

四、实验内容

(一)蔬菜种植园的设计

教师给出种植园的面积(长、宽)以及园中温室、大棚、露地的比例，种植园附属设施的种类及规模。

(1)先在设计图纸上划出园区的外框，然后将附属设施标出。

(2)根据各种设施的比例，确定布局。

(3)温室群的设计

①部位及走向　温室一般安排在园区的北侧，东西走向。

②温室规格　每栋日光温室的面积以 300～800 m^2 为宜，东西延长 50～100 m,跨度 6～8 m，脊高 2.7～3.5 m。

③温室间距　温室间距可按下面公式计算。

理论公式 $L=\frac{D_1+D_2}{\tan h_9}\times\cos t_9-(l_1+l_2)$

经验公式 $L=(D_1+D_2)\times 0.25\pm 0.5$

式中：L 为前后两排温室的间距，D_1 为温室的脊高，D_2 为卷起草苫的直径，h_9 为冬季上午 9 时的太阳高度角，t_9 为上午 9 时的太阳时角，l_1 为后坡水平投影距离，l_2 为后墙底宽。

④温室操作间　一般应在温室靠近道路的一端设置操作间，操作间规格以内净面积 4 m^2、长宽各 2 m 为宜。

(4)大棚群的设计

①部位及走向　大棚一般安排在园区的中、南部，亦可安排在园区一侧的北部，南北走向。

②大棚规格　每栋大棚的面积以 300～800 m^2 为宜，南北延长 40～60 m，跨度依类型而定(表 1)，棚间距 2～4 m。

表 1　不同类型大棚的跨度和高跨比

类　　型	跨度/m	高跨比
竹木结构大棚	12～14	1∶(4.5～5.4)
钢材骨架空心式大棚	10	1∶(3.8～4.8)
装配式薄壁镀锌骨架大棚	7～9	1∶2.5

(5)供水系统　可按节水灌溉系统中的微灌系统进行设计。

(6)供电系统　主要供应照明、动力、电热加温的需要，在设计上应标明线路的走向及功率。

(7)道路　东西每四栋温室设一条南北主干道，每两栋温室间设一条南北次干道，南北每隔 10 栋温室设一条东西干道(图 1)，干道宽 6～8 m，次干道宽3～6 m。

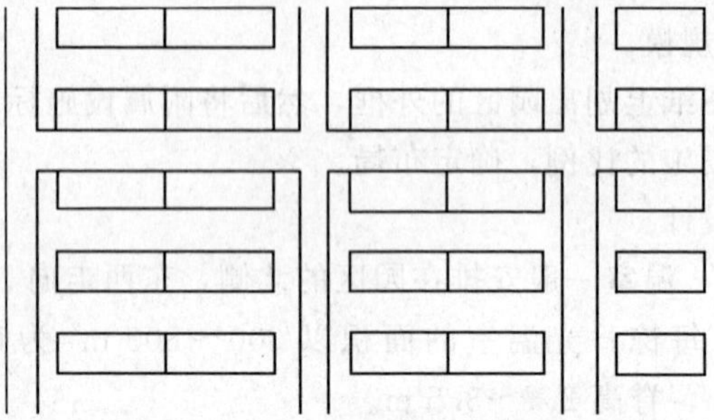

图 1　温室群内道路示意图

(二)蔬菜种植园的调查

全班分成 3～4 个小组，以组为单位，对种植园进行调查。

(1)种植园的布局　包括长、宽、道路、温室群、大棚群、露地及附属设施的大小、分布。

(2)大棚　包括棚的大小(长、宽、脊高、面积)、棚的拱杆、拉杆、压膜设施的用料规格及间距、棚门、放风口的设置部位及大小、棚的高跨比。

(3)温室　包括坐落方位，规格(长、宽、高)，占地面积，栽培床面积，墙体(山、后墙)的厚度、高度，透明屋面及后屋面的角度、长度、用料及构成，立柱的高度、间距，拱杆的间距、高跨比，覆盖物(透明及不透明)的名称及规格(长、宽、厚)，门的位置大小，加温设施的类型及设置。

(三)塑料大棚的设计与建造

1. 设计

设计方法及内容可参阅蔬菜种植园的设计中有关内容。

2. 建造(以竹木结构大棚为例)

(1)埋立柱　按设计的部位，在头年上冻前埋好，入土深 30～40 cm，为增加立柱的牢固性，可在立柱下端钉一小横木，立柱纵向间距 2.5～3 m。

(2)插绑拱杆　沿大棚两侧边线对准各排立柱对插两根拱杆，拱杆为宽 4～5 cm 的竹片，插入土中 30～40 cm，两根拱杆在立柱的支撑下弯曲成弧形，于中间对接，接口要绑牢绑平。

(3)绑拉杆　棚架做好后，在距立柱上端 10～15 cm 处纵向捆绑 3～4 cm 粗的竹木拉杆，加固棚架，悬梁吊柱大棚的梁(即拉杆)应用直径 6～8 cm 的竹木杆，相邻两行立柱间的拱杆用小吊柱支撑在梁上。

(4)扣膜　扣膜前先设好地锚，备好薄膜，一般用三块膜或四块膜扣法，两侧膜埋土 20～30 cm，两膜重叠 20～30 cm，膜扣好后及时加设压膜线。

(四)日光温室的设计与建造

1. 日光温室的设计

设计方法及内容可参阅蔬菜种植园的设计中有关内容，或选用当地的设计建造标准。

2. 日光温室的建造(以拱圆形钢筋结构日光温室为例)

(1)温室的规格　见图 2。

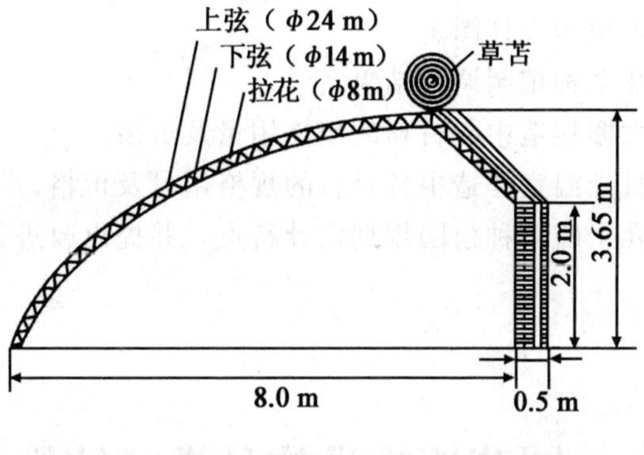

图 2　冀优改进Ⅱ型节能日光温室结构示意图

(2)墙体的建造　地基应为 30～50 cm 的石头或砖地基，地基上为双二四加一二空心形成的六零墙或 3 个一二墙拉成双空心五零墙，每隔 1 m 有砖跺横拉连接，顶部 3～5 层砖封顶不做空心，并留钢筋预埋件。空心部分填加珍珠岩、锯末等保温材料。前墙基座深 40 cm、宽 50 cm，每 3 m 留一个钢筋预埋件，做固定骨架用。

(3)拱架的安装　先在东西山墙贴墙固定安放两片钢筋拱架，以这两个钢筋拱架的顶端为基准，拉一条标准高度水平线。拱架的前端设一地梁(角钢)，拱架后坡部分设两道天梁(角钢)，分别焊接牢固。骨架前拱部分，分两道用直径12 mm圆钢或12.7 mm钢管横拉，与拱架下拱焊接，作为拉梁。

(4)搭后坡　后坡搭厚4 cm、宽1 m的自制水泥预制板，然后砌“女儿墙”，“女儿墙”为二四墙，高度低于脊高20 cm，后坡顶上添炉渣或蛭石等保温轻质材料，最后顶上用水泥沙浆抹光。

(5)上膜　采用三块膜扣法上膜。

(6)上草苫　草苫选用稻草苫或蒲草苫，上草苫从一侧开始，两苫重叠20～30 cm，每块草苫下放两根绳子，做拉苫放苫用。

(五)观看录像资料

选择几个有代表性的蔬菜种植园规划录像资料，在教师指导下，学生分组讨论设施布局、露地安排、排灌设计、道路规划、办公用房、附属设施等规划要领，对比分析各蔬菜种植园规划设计特点。

五、结果与分析

(1)绘制蔬菜种植园设计图。

(2)列表填写蔬菜种植园调查结果。

(3)列表统计大棚建造中各材料的规格用量及价格。

(4)列表统计日光温室建造中各材料的规格用量及价格。

(5)对比分析几个疏菜种植园规划设计特点，并提出改进建议。

(武占会)

实验二十九　园艺植物设施种类、结构与性能分析

一、实验目的

1. 掌握本地区园艺植物生产所采用的主要设施类型、结构和规格，栽培作物种类及茬口安排等。

2. 了解不同设施类型的性能特点，分析结构与性能的关系。

二、实验原理

设施栽培是保证园艺产品周年均衡供应，提高经济效益的有效途径。我国目前各地的设施类型多种多样，其产生和发展都经历了由小型到大型、由简单到复杂、由初级到高级的过程。生产中各种设施类型的应用，取决于栽培作物种类、地理区域、季节和气候特点以及经济和科技条件等因素，由此决定了设施类型和结构的多样化。另一方面，不同设施类型和结构又导致了性能间的差异，包括光照、温度、湿度、气体等微环境因子。设施性能优劣是制订生产方案时首先应该考虑的重要依据。

三、材料与用具

(1)材料　本地区不同类型设施。

(2)用具　钢卷尺、皮尺、测角仪、铅笔、绘图纸等。

四、实验内容

1. 不同设施类型的结构和规格

调查不同设施类型的建造方位，骨架材料，墙体结构，透明、不透明覆盖物种类和规格、主要结构参数等。

(1)阳畦　风障构成和倾斜角度；畦面长度和宽度；畦框材料、高度和宽度；覆盖物种类和规格；透明覆盖物的支撑骨架等。

(2)温床　床框、床体、覆盖物类型与规格；酿热物种类、填充厚度；电热线规格与铺设方法。

(3)塑料拱棚　小拱棚的朝向、规格；骨架材料及其排列；覆盖材料种类与规格；薄膜固定方式。大棚的屋脊形状、方位；高度、跨度和长度；拱架、立柱的材料、规格与排列；拉杆(纵梁)材料、规格及其连接；薄膜种类、规格及覆盖和压膜方式；棚门位置、规格及其安装；通风方式等。

(4)日光温室　建造方位；长度、跨度和高度；屋面形状和角度；透明、不透明覆盖物种类、规格和覆盖方式；立柱、横梁、拱架的材料、规格和连接方法；后屋面结构、材料、宽度、厚度和角度；墙体结构、材料、高度和厚度；防寒沟设置；门窗位置和规格；通风方法等。

(5)连栋温室　基础、方位、大小；单间跨度、脊高和肩高；骨架材料种类、规格及其排列；透明屋面形状、坡度、材料与规格；天沟材料、规格及其连接方式；门窗位置和规格；通风设备与方法；加温、降温、保温设备；遮阳、补光设备；灌溉、加湿设备；其他配套设备等。

(6)遮阳网与防虫网　原材料、颜色和规格；骨架材料和覆盖方式等。

2. 不同设施类型的性能及其生产应用状况

主要调查设施内光照、温度、湿度；节能措施和效果；当地主要应用季节；适合栽植的园艺植物种类及其周年茬口安排；投入产出状况；在当地设施生产中的作用与地位。

五、结果与分析

(1)将调查实测结果填入表 1。分析本地区主要园艺设施的类型、结构特点及设施结构与性能的关系，并提出改进意见。

表 1　不同设施类型结构、性能及其生产应用

设施类型	方位	规格			骨架材料	墙体材料	覆盖材料		应用季节	适栽作物	主要茬口
		长度	高度	跨度			透明	不透明			

(2)绘制本地区主要设施类型的结构示意图，并标注各部位的名称和规格。

（魏珉）

实验三十　园艺植物设施环境调查与分析

一、实验目的

1. 学习和掌握园艺设施内环境因子(温度、光照、湿度、CO_2 浓度)的观测方法。

2. 调查不同设施类型的环境特点和变化规律，为设施环境调控和园艺植物栽培管理提供依据。

二、实验原理

园艺植物正常生长发育需要适宜的温度、光照、湿度、气体等环境条件。不同设施类型和结构所创造的环境性能不同，决定了适宜种植的园艺植物种类、栽培季节与栽培技术。因此，应当根据生产目的和要求选择适宜的设施类型，并科学调控设施环境。由于设施内的环境条件与露地环境变化明显不同，除受外界环境的影响外，还具有自身特有的分布和变化规律，形成了不同类型设施独有的微环境条件。了解和掌握不同类型设施环境特点是正确调控设施微环境的前提。

三、材料与用具

(1)材料　日光(加温)温室、塑料大棚、小拱棚、阳畦等设施。

(2)用具　照度计、干湿球温度表、最高最低温度表、套管地温表(不同深度)、普通温度计、红外线 CO_2 分析仪、自动记录温湿度表等。

四、实验内容

以同一区域的露地环境为对照，比较不同设施类型的环境性能特点。可结合校内或周边基地现有条件进行。将学生分成若干小组，分工或轮流观测并做好记录。测定项目和观测点数量可根据设施仪器设备等条件酌情增减。

了解本实验所用各类仪器仪表的工作原理，掌握使用方法。为保证实验结果的可靠性和可比性，所有仪器仪表在使用前需统一校验。

1. 观测点设置

(1)阳畦　在南北向的轴线上，分别靠近南框、北框 10～20 cm 处及中间位置，观测距畦面 10 cm 处的光强和气温；地温观测除上述 3 个点外，增加阳畦两端距边框 10～20 cm 处两个点，土壤深度分别为 10 cm、20 cm；相对湿度和 CO_2 浓度观测点在东西向和南北向轴线的交点附近，从畦面到透明覆盖物的 1/2 高度处。

(2)小拱棚　在东西向和南北向轴线的交点附近，垂直方向上距地面 10 cm 处和棚顶靠近棚膜位置，水平方向上中部和两侧(距棚边 10～20 cm)距地面 10 cm 处，测定光强和气温；中部和两侧(距棚边 10～20 cm)10 cm、20 cm 深度处的地温；相对湿度和 CO_2 浓度观测点在东西向和南北向轴线的交点附近，小棚的 1/2 高度处。

(3)塑料大棚　中央(1/2 跨度)和两侧(距棚边 0.5 m)距地面 10 cm、1 m、2 m 高度处的光强和气温，10 cm、20 cm 深度处的地温；中央距地面 1 m 处的相对湿度；CO_2 浓度观测点分左(距棚边 0.5 m)、中(1/2 跨度)、右(距棚边 0.5 m)3 个位置和上(距地面 2 m)、中(距地面 1 m)、下(距地面 10 cm)3 种高度。

(4)日光(加温)温室　南部(距棚前 0.5 m)、中部(1/2 跨度)、北部(距后墙 1 m)距地面 10 cm、1 m、2 m 高度处的光强和气温，10 cm、20 cm 深度处的地温；中央距地面 1 m 处的相对湿度；CO_2 浓度观测点分前(距棚前 0.5 m)、中(1/2 跨度)、后(距后墙 1 m)3 个位置和上(距地面 2 m)、中(距地面 1 m)、下(距地面 10 cm)3 种高度。

(5)露地　距地面 10 cm、1 m、2 m 高度处的光强、气温、CO_2 浓度；10 cm、20 cm 深度处地温；距离地面 1 m 处相对湿度。

2. 观测方法

选择典型的晴天和阴天分别测定，每天观测时间 6～18 时，每 2 h 观测 1 次，不同设施类型同步观测，每一观测点重复测定 2 次，记录平均值。

五、结果与分析

(1)详细记录观测数据并填入表 1。

表 1　不同设施类型环境观测记录

观测日期	天气状况	设施类型	观测时间	光照强度									气温									地温									相对湿度	CO_2 浓度								
				1	2	3	4	5	6	7	8	9	1	2	3	4	5	6	7	8	9	1	2	3	4	5	6	7	8	9		1	2	3	4	5	6	7	8	9

注：数字 1～9 代表不同的观测位点，需要在观测前确定并在观测过程中保持恒定。

(2)根据观测结果，比较不同设施类型的环境性能特点，分析与设施类型、结构和栽培管理措施的关系。

（魏珉）

实验三十一　电热温床设计与安装

一、实验目的

通过本实验，掌握电热温床的设计、制作及自控装置的安装和使用方法；了解电热温床的优缺点及注意事项；学会电热温床在园艺作物育苗中的灵活运用。

二、实验原理

电热温床是利用电流通过阻力大的导体(电加温线)将电能转换成热能来进行土壤加温。电热加温具有发热快、床温可控性好、受外界气候影响小的优点。电热温床育苗与一般常规育苗相比具有以下几个优点：①能有效解决冬季及早春育苗中由于地温偏低造成的种子出苗晚、秧苗生长缓慢问题；②温度有保障，秧苗素质高；③设备一次性投资小，易于拆除，利用率高；④自动化程度高，节省劳动力。电热温床的缺欠主要是受电力的限制，耗电量大，在进行大规模的商品化育苗生产中受到一定限制。

三、材料与用具

温室或阳畦、电加温线(常见型号及参数见表 1)、控温仪(常见型号及参数见表 2)、交流接触器(常见型号及参数见表 3)、常用电工工具(测电笔、老虎钳、导线、胶布等)、常用农具(铁锹、铁耙等)、塑料薄膜、锯末、竹竿等。

表 1　常见电加温线的型号及参数(葛晓光，1995)

型号	用途	功率/W	长度/m
DR208	土壤加温	800	100
DV20406	土壤加温	400	60
DV20608	土壤加温	600	80
DV20810	土壤加温	800	100
DV21012	土壤加温	1 000	120
DP22530	土壤加温	250	30
DP20810	土壤加温	800	100
DP21012	土壤加温	1 000	120
F421022	空气加温	1 000	22
KDV	空气加温	1 000	60

表 2　常见控温仪的型号及参数(葛晓光，1995)

型号	负载功率/kW	负载电流/A	控温范围/℃	供电形式
BKW-5	2	5×2	10～50	单相
KWD	2	10	10～50	单相
WKQ-1	2	5×2	10～50	单相
WK-1	1	5	0～50	单相
WK-2	2	5×2	0～50	单相
BKW	26	40×3	10～50	三相四线制
WKQ-2	26	40×3	10～40	三相四线制
WK-10	10	15×3	0～50	三相四线制

表 3　CJ 系列交流接触器型号及参数(葛晓光，1995)

型号	额定电流/A	连锁触点额定电流/A	220 V 电压时最大容量/kW
CJ10-5	5	5	1.2
CJ10-10	10	5	2.2
CJ10-20	20	5	5.5
CJ10-40	40	5	11
CJ10-60	60	5	17
CJ10-100	100	5	30
CJ10-150	150	5	43

四、实验内容

(一)床基的制作

电热温床的场地选择对电能的利用影响很大，为节约电能，电热温床的床基应设在有保护设施的场地，如日光温室、阳畦等。在日光温室中制作电热温床，床基也应设在日光温室的中后部温光条件较好的位置。

选好床基位置后，根据苗床面积，将畦中表土挖出 18 cm，堆放在畦外一侧，整平床底，然后铺 5 cm 厚的隔热材料(锯末等)，隔热材料上盖一层塑料薄膜，塑料薄膜上压 3 cm 厚的床土，用脚踩一遍，耧平，待铺电加温线。

(二)电加温线的布线

1. 功率密度的选定

电热温床的功率密度是指每平方米铺设电加温线的瓦数，用瓦/平方米表示。功率密度越大，则苗床温度升温越快。功率密度太大，升温虽快，但增加设备成本及缩短控温仪的寿命；功率密度太小，又达不到育苗所要求的温度。适宜的功率密度与设定地温和基础地温有关，设定地温为育苗所要求的人为设定的温度，一般指在不设隔热层条件下通电 8～10 h 所达到的温度。基础地温为在铺设电热温床未加温时的 5 cm 土层的地温。电热温床适宜的功率密度可参考表 4，如设有隔热层，其适宜功率密度可降低 15%。

2. 所需电加温线根数的计算

根据单根电加温线的功率、苗床功率密度及苗床面积可计算出所需电加温线的根数。

$$电加温线根数=\frac{功率密度\times苗床长\times苗床宽}{单根电加温线功率}$$

表 4 电热温床适宜的功率密度(葛晓光，1995) W/m²

设定地温/℃	基础地温/℃			
	9～11	12～14	15～16	17～18
18～19	110	95	80	—
20～21	120	105	90	80
22～23	130	115	100	90
24～25	140	125	110	100

3. 计算布线道数和间距

根据每根电加温线的长度和苗床的长、宽求电加温线要在苗床上往返道数。用床宽和电加温线往返道数求布线间距。

$$电加温线往返道数=\frac{电加温线长-床宽\times2}{床长-0.2}$$

$$布线平均间距=\frac{床宽}{电加温线道数+1}$$

4. 布线

在实际布线时，为方便接线要使 2 个线头落在苗床的一角，即布线道数应为偶数，当布线道数为单数时，可适当调整苗床的长度，使其变成偶数。苗床的边缘散热快，为使苗床温度一致，两边线距适当缩小，中间线距适当拉大。根据计算好的布线间距，在苗床两端用竹棍固定电加温线。布线方法见图 1。

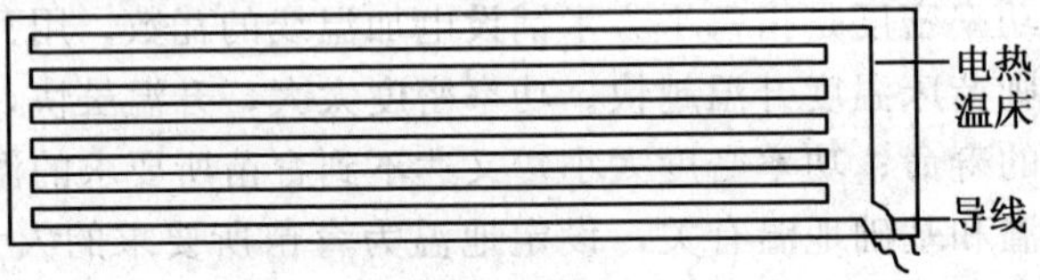

图 1 电热温床布线方法示意图

(三)覆盖床土

电加温线在苗床上布置好后，用万用表或其他的方法检查电加温线畅通无问题后，便可覆土，一般覆盖营养土 10 cm。若用营养钵或育苗盘育苗，则在电加温线上先覆盖 2 cm 的土，用脚踏实，把营养钵或育苗盘摆上即可(图 2)。

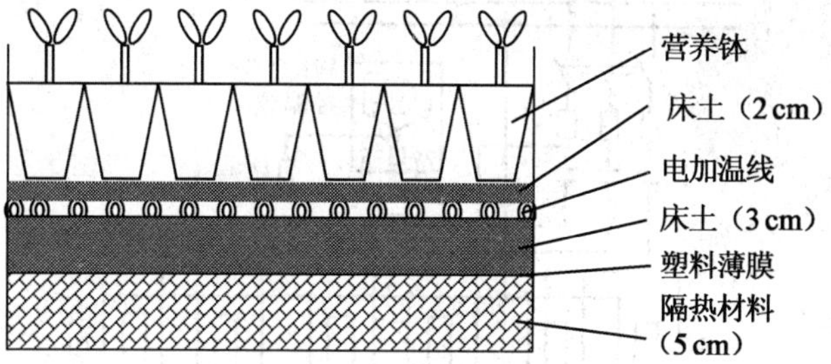

图 2　电热温床结构纵断面示意图

(四)控温装置的安装

苗床面积在 20 m^2 以下，总功率不超过 2 000 W 的只安装一个控温仪即可，如果苗床面积大，总功率较大时，就应配备相应的交流接触器。具体连接线路可参照图 3、图 4。

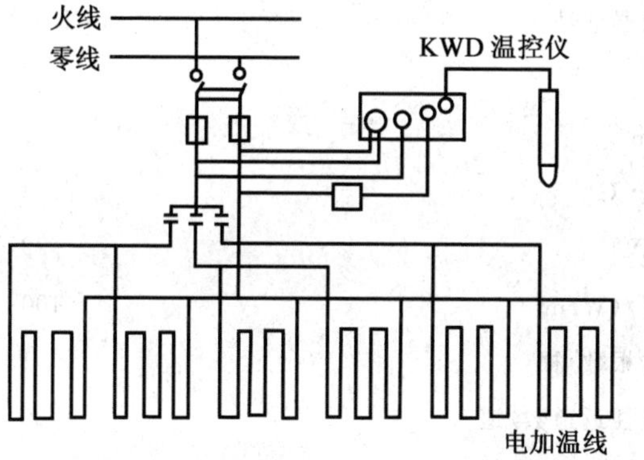

图 3　电热温床单相控温仪线路连接法(葛晓光，2004)

五、结果与分析

(1)按表 5 参数，结合当地实际，分组设计制作电热温床。

(2)分析电热温床在园艺作物育苗中的优缺点，并提出改进措施。

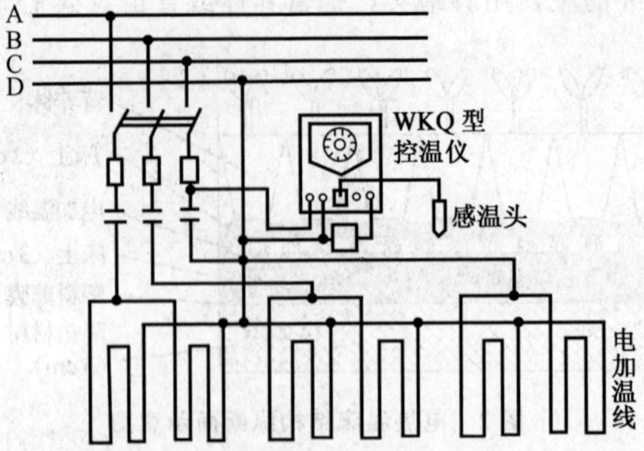

图4 电热温床三线四相控温仪线路连接法(葛晓光,1995)

表5 电热温床设计制作参考数

项 目	参考数
电加温线型号	DV21012
控温仪型号	KWD、WKQ
交流接触器型号	CJ10-20
苗床长/m	5
苗床宽/m	2
基础地温/℃	13
设定地温/℃	22
功率密度/(W/m^2)	100
电加温线根数/根	1
电加温线往返道数/道	20
布线平均间距/cm	9.5

(武占会)

实验三十二　NFT 栽培法中营养液的配制与调控

一、实验目的

营养液是无土栽培的核心，通过营养液的配制与管理，才能认真地了解它、掌握它，达到真正掌握无土栽培技术的目的。

二、实验原理

1. 营养液配制要求

营养液是由含各种植物营养元素的化合物溶解于水中配制而成，其原料就是水和含有营养元素的化合物及辅助物质。总的原则是避免难溶性物质沉淀的产生。然而，由于营养液中有钙、镁、铁、锰等阳离子和磷酸根、硫酸根阴离子，如果配制过程掌握得不好就会产生沉淀。

2. EDTA-Fe 盐的配制

在无土栽培生产中常用螯合铁作为铁源，以解决无机铁源在营养液中由于受环境因素的影响而失效的问题。由于市售螯合铁的价格较贵，可用等体积EDTA-Na盐与硫酸亚铁混合配制。

3. 营养液 pH 值的调整原理

营养液的 pH 值因盐类的生理反应而发生变化，其变化方向视营养液配方而定。用 $Ca(NO_3)_2$ 和 KNO_3 为氮源的多呈生理碱性；用 $(NH_4)_2SO_4$、NH_4NO_3、$CO(NH_2)_2$、K_2SO_4 为氮源的多呈生理酸性。pH 值上升时，用 H_2SO_4 或 HNO_3 中和，其 SO_4^{2-} 虽属营养成分，但植物吸收较少，常会造成盐分累积；植物吸收 NO_3^- 较多，盐分累积的程度较轻，但要注意植物吸收过多的氮而造成体内营养失调。应根据实际情况来考虑用何种酸为好。

4. 营养液浓度测定(电导率 EC 表示法)

通常配制营养液用的水溶性无机盐是强电解质，其水溶液具有导电作用。导电能力的强弱可用电导率表示。在一定浓度范围内，溶液的含盐量与电导率呈密切的正相关，含盐量越高，溶液的电导率越高，渗透压也越大。因此，营养液的电导率能反映溶液中盐分含量的高低，据此。可用EC变化来测定营养液浓度。电导率常用毫西门子/厘米(mS/cm)为单位。

三、材料与用具

(1)材料　硝酸钙、硝酸钾、硝酸铵、磷酸二氢钾、磷酸氢二钾、磷酸二氢铵、硫酸铵、硫酸钾、硫酸镁、硫酸钙、硫酸二氢钠、氯化钠、螯合铁(或硫酸铁和EDTA钠盐)、硼酸、硫酸锰、硫酸锌、硫酸铜、钼酸铵等。

(2)用具　量筒、天平、酸度计、电导仪、贮液罐等。

四、实验内容

1. 浓缩贮备液(1 L)的配制

(1)根据栽培的蔬菜种类，从表1中选取营养液配方。

(2)分别配制A母液、B母液、C母液。

A母液：$Ca(NO_3)_2$ 和 KNO_3，浓缩200倍；

B母液：$NH_4H_2PO_4$ 和 $MgSO_4$，浓缩200倍；

C母液：Na_2Fe-EDTA和各种微量元素，浓缩1 000倍。

(3)注意事项：混合与溶解肥料时，要严格注意顺序，要把 Ca^{2+} 和 SO_4^{2-}、PO_4^{3-} 分开，即硝酸钙不能与硝酸钾以外的几种肥料如硫酸镁等硫酸盐类、磷酸二氢铵等混合，以免产生钙的沉淀；待一种物质完全溶解后，再溶解另一种物质，以防沉淀出现；在长时间贮存时，为了防止母液产生沉淀，一般可加硝酸或硫酸将其酸化至pH值3～4，母液应贮存于棕色或黑色容器，并置于暗处。

2. 营养液(100 L)的配制

用浓缩贮备液配制。在加入各种母液的过程中，也要防止沉淀的出现。配制步骤如下：在大贮液池内预先放入相当于待配制营养液体积的40%水量，将A母液应加入量倒入其中，开动水泵使其流动扩散均匀。然后再将应加入的B母液慢慢注入水渠口的水源中，让水源冲稀B母液后带入贮液池中参与流动扩散，此过程所加水量以达到总水量的80%为度。最后，将C母液应加量也随水冲稀带入贮液池中参与流动扩散。加水至所需量后，继续流动一段时间，以保证营养液配制均匀。如果发现有少量的沉淀产生，应延长水泵循环流动的时间以使产生的沉淀溶解。

3. 营养液 pH 值的调整

用酸度计测定工作营养液的 pH 值，并用酸或碱溶液调整营养液 pH 值在 5.5～6.5 之间。中和的用酸量不能用 pH 值作理论计算来确定。因营养液中高价弱酸与强碱形成的盐类如 K_2HPO_4、$Ca(HCO_2)_2$ 等，其离解是逐步的，会对酸起缓冲作用。因此，必须用实际滴定来确定用酸量。具体方法为：取出定量体积的营养液，用已知浓度的稀酸逐滴加入，随时测其 pH 值变化，达到要求值后，计算出其用酸量，然后推算出整个栽培系统的总用酸量。应加入的酸（HNO_3 或 H_2SO_4）要先稀释，以浓度 1～2 mol/L 为宜。然后慢慢注入贮液池中，边注入溶液边进行搅拌。注意不要造成局部过浓而产生 $CaSO_4$ 沉淀。pH 值下降时，用 NaOH 或 KOH 中和，并注意避免局部过碱产生 $Mg(OH)_2$、$Ca(OH)_2$等沉淀。

4. 营养液浓度测定及调整

用小烧杯取少量工作营养液，用电导仪测定其电导率(EC)，一般电导率调整在 2～3 mS/cm。根据 EC 变化调整时可加入清水降低电导率，或加入浓营养液提高电导率。

5. EDTA-Fe 盐(2 L)的配制

(1)配制 0.1 mol EDTA Na_2 溶液(1 L)：称取乙二胺四乙酸二钠 37.7 g 于烧杯中，加入 600～700 mL 新煮沸放冷至 60～70℃的温水，搅拌至完全溶解。冷却后倒入 1 000 mL 容量瓶中，加入新煮沸放置冷却的纯水至刻度，摇匀。即配制成 0.1 mol EDTA-Na_2 溶液。

(2)配制 0.1 mol 硫酸亚铁溶液(1 L)：称取硫酸亚铁 27.8 g 于烧杯中，加入约 600 mL 新煮沸放置冷却的纯水，搅拌至完全溶解，再倒入 1 000 mL 容量瓶中，加水至刻度，摇匀。即配制成 0.1 mol 硫酸亚铁溶液。

(3)将已预配制好的 0.1 mol 硫酸亚铁溶液和 0.1 mol EDTA-Na_2 溶液等体积混合，即配制成 0.05 mol EDTA-Fe 贮备液。该溶液含铁量为 2 800 mg/L。

表 1 营养液配方选集

营养液配方名称及适用对象	盐类化合物用量/(mg/L)						元素含量/(mmol/L)							备注
	四水硝酸钙	硝酸钾	磷酸二氢钾	磷酸二氢铵	七水硫酸镁	盐类总计	N: NH_4^+—N	N: NO_3^-—N	P	K	Ca	Mg	S	
Hoegland 和 Snyde(1938)通用	1 180	506	136		693	2 515		15.0	1.0	6.0	5.0	2.0	2.0	世界著名配方，用 1/2 剂量较妥。
Hoegland 和 Amon(1938)通用	945	607		115	493	2 160	1.0	14.0	1.0	6.0	4.0	2.0	2.0	
Amon 和 Hoeglan (1940)番茄	708	1 011		230	493	2 442	2.0	16.0	2.0	10.0	3.0	2.0	2.0	世界著名配方，用 1/2 剂量较妥，亦可通用。
日本园试配方(1966)通用	945	809		153	493	2 400	1.33	16.0	1.33	8.0	4.0	2.0	2.0	日本著名配方，用 1/2 剂量较妥。
日本山崎配方(1978)甜瓜	826	607		153	370	1 956	1.33	13.0	1.33	6.0	3.5	1.5	1.5	按作物吸肥水规律 n/w 值制定的配方，稳定性较好。
日本山崎配方(1978)黄瓜	826	607		115	483	2 041	1.0	13.0	1.0	6.0	3.5	2.0	2.0	
日本山崎配方(1978)莴苣	236	404		57	123	820	0.5	6.0	0.5	4.0	1.0	0.5	0.5	
日本山崎配方(1978)草莓	236	303		57	123	719	0.5	7.0	0.5	3.0	1.0	0.5	0.5	

注：表中数据引自郭世荣主编《无土栽培》，中国农业出版社，2003。

（李汉霞）

五、结果与分析

(1)记录测定工作营养液的 pH 值及调整 pH 值所加入的酸或碱用量。

(2)记录测定工作营养液电导率值及加入清水或营养液母液后电导率的变化情况。

(3)在配制营养液过程中，是否出现沉淀，并分析沉淀产生的原因及解决方法。

(4)改变某一元素，设计不同营养液配方、不同的 pH 值或电导率等，分析不同试验方案对蔬菜如甜瓜或生菜生长发育的影响。

实验三十三　园艺植物有机生态栽培基质配制与应用

一、实验目的

通过有机生态型栽培基质的配制与应用，了解基质的种类、性质和不同基质的配方比例、栽培特点以及对栽培产品产量与品质的影响。

二、实验原理

有机生态型无土栽培技术是指不用天然土壤而使用基质，不用传统的营养液而是将有机固态肥混于基质，并直接用清水灌溉作物的一种无土栽培技术。在作物的整个生长期中，可间隔一段时间分若干次将固态肥直接施于基质，以保持养分均衡供应。有机生态型无土栽培操作管理简单，大大降低了无土栽培设施的一次性投资，降低生产成本，对环境无污染，产品优质安全。

三、材料与用具

有机肥料、有机生态基质、番茄或黄瓜的种子或幼苗。

四、实验内容

(一)适合生态农业要求的栽培基质的配制

1. 基质的配制

有机生态基质的原料可就地取材，如玉米、向日葵秸秆，农产品加工后的废弃物如椰壳、蔗渣、酒糟，木材加工的副产品如锯末、树皮、刨花等，都可按一定配比混合后使用，常用的混合基质有：①4份草炭、6份炉渣、5份沙、5份椰子壳；②5份葵花秆、2份炉渣、3份锯末；③7份草炭、3份珍珠岩等。含有葵花秆、锯末、玉米秆的混合基质，由于在作物栽培过程中基质本身的分解速度较快，所以每种植一茬作物，均应补充一些新的混合基质，以弥补基质量的不足。

2. 不同基质以及不同基质配比条件下的物理性质的测定

(1)容重　一般认为基质容重在0.1～0.8 g/cm^3 效果较好。测定方法：容重(g/cm^3)＝重量/体积。

(2)总孔隙度　指基质中持水孔隙和通气孔隙的总和，用相当于基质体积的百分数来表示。一般基质的总孔隙度在54%～96%范围内均可。测定方法：取一个已知体积(V)的容器，称重 W_1，加满待测基质，称重 W_2。然后将基质连同容器一起放在水中，淹没容器顶部，浸泡一昼夜，取出称重 W_3。再将容器口用一个已知重量 W_4 的湿润纱布包住，把容器倒置，使水分流出，直至没有水渗出，再称重 W_5。按以下公式计算：总孔隙度＝$(W_3-W_1)-(W_2-W_1)/V$；通气孔隙＝$(W_3+W_4-W_5)/V\times100\%$；持水孔隙＝$(W_5-W_2-W_4)/V\times100\%$。

(3)气水比　指基质通气孔隙与持水孔隙的比值。一般认为气水比在1∶(1.5～4)范围内为宜，不仅有利于植株的生长，也便于管理。测定方法：气水比＝通气孔隙/持水孔隙。

(4)粒径　指基质颗粒的大小和粗细，用颗粒直径来表示，单位为毫米。一般来说粒径在3～15 mm为宜。

(二)有机生态无土栽培设施系统的建造

1. 栽培槽

有机生态型无土栽培系统采用基质槽栽培的形式。在无标准规格的成品槽供应时，可选用当地易得的材料建槽，如用木板、木条、竹竿甚至砖块，实际上只建没有底的槽框，所以不需特别牢固，只要能保持基质不散落到走道上即可。槽框建好后，在槽的底部铺一层0.1 mm厚的聚乙烯塑料薄膜，以防止土壤病虫传染。槽边框高15～20 cm，槽宽依不同栽培作物而定。如黄瓜、甜瓜等蔓性作物或植株高大需有支架的番茄等作物，其栽培槽标准宽度为48 cm，可供栽培两行作物，栽培槽距0.8～1.0 m；生菜，油菜、草莓等植株较为矮小的作物，栽培槽宽度可定为72 cm或96 cm，栽培槽距0.6～0.8 m，槽长应根据保护地棚室建筑状况而定，一般为5～30 m。

2. 供水系统

在有自来水基础设施或水位差1 m以上贮水池的条件下，按单个棚室建成独立的供水系统。除管道用金属管外，其他器材均可用塑料制品以节省资金。栽培槽宽48 cm，铺设滴灌带1根；栽培槽宽72～96 cm，可铺设滴灌带2根。

(三)有机生态型无土栽培的应用

1. 播种育苗

把黄瓜或番茄种子播种于细沙中，黄瓜2片真叶、番茄3～4片真叶时定植。

2. 定植

黄瓜或番茄幼苗定植于栽培槽内，根据栽培槽的大小采用单行或双行种植，并根据不同品种及栽培季节选择适宜的株距。

3. 营养管理

可设计两种不同栽培基质进行对比分析。肥料用量以氮、磷、钾三要素为主要指标，每立方米基质所施用的肥料内应含有：全氮(N)1.5～2.0 kg，全磷(P_2O_5)0.5～0.8 kg，全钾(K_2O)0.8～2.4 kg。为了在作物整个生育期内均处于最佳肥料供应状态，常分期施肥。一般在栽培槽内填入基质前或前茬作物收获后后茬作物定植前，先在基质中混入一定量的肥料(如每立方米基质混入10 kg消毒鸡粪、1 kg磷二铵、1.5 kg硫铵和1.5 kg硫酸钾)作基肥。番茄、黄瓜等果菜在定植后20 d内不必追肥，只浇清水，20 d后每隔10～15 d追肥1次，均匀地撒在离根5 cm以外的周围。基肥与追肥的比例约为75∶25，每次每立方米基质追肥量参考标准为：全氮(N)80～150 g，全磷(P_2O_5) 30～50 g，全钾(K_2O)50～180 g。具体追肥量与追肥次数以作物种类、生长期长短及肥料种类等而定。

4. 水分管理

生长前期浇足水，灌水量以达到基质饱和含水量为度，即把基质浇透；作物定植以后，一般每天灌溉 2～3 次，保持基质含水量达 60%～85%(按占干物质计)即可；在成株期，黄瓜每天每株浇水 1～2 L，番茄 0.8～1.2 L，甜椒 0.7～0.9 L。灌水量必须根据气候变化和植株大小进行调整，阴雨天停止灌溉，冬季隔 1 d 灌溉 1 次。

(四)植株和产品品质评价

调查黄瓜或番茄的植物学特性，植株的株高、叶片数、长势、第一雌花或花序的着生节位、产量、病虫害发生情况。

调查黄瓜或番茄果实外观品质：果实大小、整齐度、颜色等。

品尝果实的风味，测定产品的品质如维生素、蛋白质、糖分等。

五、结果与分析

(1)比较不同有机生态基质的特点。

(2)比较不同有机生态基质栽培的黄瓜或番茄的产量和品质。

(3)记录栽培过程中的管理方法及出现的问题，分析总结有机生态无土栽培的特点，提出改进建议。

（李汉霞）

实验三十四　二氧化碳施肥技术

一、实验目的

了解 CO_2 施肥技术的原理，比较各种方法的优缺点，并掌握其操作方法，为因地制宜增施 CO_2，提高施肥水平，促进园艺作物增产增收奠定技术基础。

二、实验原理

光合作用是绿色植物生命活动的基本特征，是栽培作物生长发育的物质能量基础。作物通过根系吸收水分和无机盐类，利用空气中的 CO_2，在日光的照射下进行光合作用生成有机物质。空气中 CO_2 浓度高低直接影响着作物光合作用的效率，其有植物的 CO_2 三基点。在一定条件下，作物对 CO_2 的同化量和呼吸消耗量相等的 CO_2 浓度即为 CO_2 补偿点；随着 CO_2 浓度升高，光合强度增加，当 CO_2 浓度增加到一定程度，光合强度不再增加，此时的 CO_2 浓度称为 CO_2 饱和点，长时间的 CO_2 饱和浓度可对绿色植物光合系统造成破坏而降低光合效率；将低于饱和浓度可长时间保持较高光合效率的 CO_2 浓度称为最适 CO_2 浓度。不同作物的 CO_2 三基点有所不同，C_4 植物的 CO_2 补偿点接近于 0，C_3 植物的 CO_2 补偿点一般在 30～90 μL/L。植物的 CO_2 饱和点则在 1 000～2 000 μL/L,最适 CO_2 浓度一般为 600～800 μL/L。空气中 CO_2 浓度约为 300 μL/L，明显低于作物所需的最佳浓度，特别是在设施内相对密闭的条件下，日出后作物进行旺盛的光合作用，CO_2 浓度急剧降低，造成 CO_2 亏缺。因而，在设施内增施 CO_2，是提高作物光合作用，促进作物生长发育，实现高产优质的有效措施。

增施 CO_2 技术是实现园艺作物高产优质的重要技术措施之一。国外对 CO_2 施肥技术研究较早，应用较普遍，增产效果明显。我国自 20 世纪 70 年代后开始对 CO_2 施肥技术进行研究，随着近年来设施栽培面积迅速扩大，该技术越来越受到研究者和生产者的关注。

三、材料与用具

(1)材料　黄瓜、番茄等果菜类温室或塑料大棚一栋，碳酸氢铵、硫酸等。

(2)用具　红外线 CO_2 测定仪、塑料桶(30～40 个)等。

四、实验内容

(一)CO_2 施肥方式与方法

1. 通风换气法

一般有强制通风和自然通风两种方法。当设施内 CO_2 浓度低于大气中 CO_2 浓度时，通风法可迅速补充 CO_2 亏缺，使设施内 CO_2 浓度增至与大气 CO_2 浓度相同，约 300 μL/L。通风换气法具有成本低、易操作的特点，目前生产中应用最广。但由于该法只能使 CO_2 浓度增加到 300 μL/L，达不到作物光合作用最适浓度，且易受外界气温限制，冬季使用有一定困难。

2. 土壤施肥法

土壤施肥法是通过向土壤施用可产生 CO_2 的各种肥料，利用其分解缓释出的 CO_2 持续不断地补充于设施内，供给植物生长发育所需。该法简单易行，但 CO_2 浓度不易调控，特别是当晴天上午需要高浓度 CO_2 时，往往难以有效增加，而无法满足作物生长需要。常用的土壤施肥方法包括：①增施有机肥法，利用各种有机肥施入土壤后在土壤中分解而产生 CO_2。②深施碳酸氢铵法，在作物株行间，将碳酸氢铵按 10～15 g/m^2 埋入 8～10 cm 土层中，每月 2～3 次，利用其自然分解产生的 CO_2 增加设施内 CO_2 浓度。③固体 CO_2 颗粒肥法，可选用直径为 0.5～1.0 cm 的球形固体 CO_2 颗粒肥，采用沟施、穴施等方法施入土壤，每 667 m^2 施用 40～50 kg，前期晴天上午 CO_2 浓度可达 1 000 $\mu L/L$，40 d 后降至 400 $\mu L/L$，增施效果明显，方法简单，使用安全。

3. 生物生态法

通过设施内园艺作物与食用菌间作，利用菌料发酵中产生的 CO_2，或发展种养结合，利用动物养殖过程中产生的 CO_2，供给作物生长，是经济实用的生物 CO_2 供给法。各地可结合实际，发展“种、养、沼”三位一体生物生态法，能有效提高 CO_2 施肥水平。

4. 化学反应法

利用酸与碳酸盐反应生成 CO_2 的方法，是设施内增施 CO_2 的主要方式。原料来源广泛，成本低廉，方法简便。所用原料为硫酸（体积质量 1.84 g/cm^3）和碳酸氢铵化肥，反应后可生成 CO_2 和硫酸铵肥料，不产生对作物有害物质。利用贮酸罐、反应罐、CO_2 净化吸收桶与输气导管等组成的简易 CO_2 发生装置，通过控制硫酸供给量可有效控制 CO_2 生成量，以简化 CO_2 施肥操作方法，安全可靠。

5. 燃烧法

燃烧法是通过燃烧煤或其他碳氢化合物等燃料产生 CO_2 的施肥方法。常用设备为解放军二炮科技开发公司研制开发的“CO_2 气肥发生器”。其将煤燃烧产生的气体，经过滤除去 SO_2 等有害气体，获得较纯净的 CO_2，通过管道输入到设施内。燃烧 1 kg 煤炭或液化石油气，可产生 3 kg CO_2，具有不受时间、地点限制，浓度易调控，方法简便等优点，但成本较高。也可根据具体情况，以沼气、丙烷、酒精等为燃料，燃烧产生 CO_2，进行设施内 CO_2 施肥。

6. 钢瓶装液态 CO_2 施肥法

利用化工厂、酿造厂等生产过程中产生的液态 CO_2 副产品，装入钢瓶，按需使用。一般一个 40 L 的钢瓶内可装放 25 kg 纯净的 CO_2，不含有害气体。使用时开启减压阀门，通过出口压力和开启时间控制 CO_2 施用量，与有孔的塑料管连接可将 CO_2 气均匀地分布到设施内的各个角落，使用时间、数量、浓度可自由调控，安全方便，但成本较高，适用于大型连栋温室或高产值作物使用。

(二)设施内 CO_2 浓度检测

(1)红外线 CO_2 测定仪法　采集棚室设施内气体，通过仪器准确地测试 CO_2 浓度。该仪器性能稳定，数据可靠，但造价较高，多用于科研或精密测试。

(2)化学反应法　取被测气体通过检测剂观察其着色层的长度变化，查表进行温度订正后求得 CO_2 浓度，或用比色法，由被测气体接触过的指示剂颜色与标准色比较得出，测时需 5～10 min。

(3)光折射法　利用气体种类、浓度不同，读取空气与被测气体光折射率的差值，得出 CO_2 浓度，测时仅几秒钟，但如混有其他气体，测定精度降低。

(4)电导率法　利用氢氧化钠与 CO_2 反应时，电导率会发生变化，用电极测量并将信号放大记录，以 1/100 规定度的溶液可测范围为 50～2 000 μL/L。

(三)操作步骤

以不增施 CO_2 的温室或大棚作对照，其他如棚室类型、结构、性能及栽培管理等完全一致，对比分析不同 CO_2 施肥方式、不同浓度及不同组合因子等对果菜类蔬菜生长发育的影响。下面以化学反应法为例，简述实验操作步骤。

1. 设定 CO_2 浓度

一般每 667 m^2 的温室或大棚，每天用碳酸氢铵 3～4 kg，加入硫酸 2.0～2.5 kg(注意为防止反应时泡沫四溅，可预先将硫酸与水按 1∶3 的比例稀释，稀释时将硫酸缓缓加入到水中，并不断搅拌)。这样可使设施内 CO_2 浓度达约 1 000 μL/L,其计算公式为：

每日用碳酸氢铵量(g)＝设施内体积(m^3)×所需 CO_2 浓度×0.003 6

每日用硫酸量＝每日需要碳酸氢铵量×0.62

2. 设置 CO_2 施放点

由于 CO_2 比空气重，扩散缓慢，应多点设置才能使 CO_2 浓度分布均匀。每个施放点控制面积以 20 m^2 左右为宜，每 667 m^2 设置 30～40 个点，施放点可挖

0.3 m×0.3 m×0.3 m 的小坑，内敷衬塑料薄膜。因产生的 CO_2 比重大，易下沉，可将塑料桶挂至距地面 0.5 m 的高度，内加硫酸和碳酸氢铵作为施放点，有利于 CO_2 扩散均匀和被植物吸收利用。

3. 施用方法

在桶内或在地面预先挖好的小坑内，一次加入稀释后硫酸 0.7～1.0 kg，约 3 d 用量。每天于揭苫后，将碳酸氢铵按每个坑(桶)100 g 左右的日用量分别加入到 30～40 个坑(桶)内，与硫酸反应生成所需用量的 CO_2。

五、结果与分析

(1)将实验数据逐项记入表 1，对比分析施用 CO_2 对果菜类蔬菜生长发育的影响。

表 1　施用 CO_2 对蔬菜生长发育的影响

施用时间	CO_2 浓度	棚室温度	空气湿度	光照强度	光合速率	株高	开花坐果率	产量

(2)评价各种 CO_2 施肥方法的优缺点，并提出改进建议。

（范双喜　韩莹琰）

实验三十五　植物生长调节剂在园艺植物上的应用

一、实验目的

了解植物生长调节剂的种类、作用、使用方法以及在园艺植物上的应用效果等。

二、实验原理

植物生长调节剂，是一种人工合成的类似植物体内天然植物激素的有机化合物，是一类调控植物种子萌发、生根、生长、开花、结实、衰老、脱落、休眠等生长发育的物质。其在植物体内含量虽少，但却起着很重要的生理作用，植物的一切生命活动都离不开植物生长调节剂的参与。

植物生长调节剂目前已广泛应用于园艺植物生长的各个环节，对提高产量、改进品质、方便管理等起到了非常重要的作用。植物生长调节剂主要有生长素类、赤霉素类、细胞分裂素类、乙烯及生长抑制剂等。不同的植物生长调节剂种类、不同的浓度以及不同的使用时期和使用方法等，在各种园艺植物以及同一园艺植物的不同生育时期都有着不同的使用效果。

1. 在育苗中的应用

(1)打破休眠、促进发芽　大多数落叶果树的种子都有自然休眠期，蔬菜、花卉的块茎、鳞茎采收后也有一段自然休眠期。在实践中赤霉素、细胞分裂素是最有效的萌发促进剂，它能打破种子休眠、促进发芽。用赤霉素处理可缩短桃、葡萄种子的层积处理时间，可提高柑橘种子的发芽率；乙烯可打破草莓和苹果种子的休眠；用赤霉素对蔬菜花卉的块茎、鳞茎进行浸种可促进发芽；水仙、郁金香、菊花、龙胆等花卉常常用赤霉素打破休眠、促进萌发。

(2)促进扦插生根　各种生长素都有促进扦插生根的作用。但不同的调节剂种类处理效果不同，其中以吲哚丁酸效果最好，还有萘乙酸、吲哚乙酸、吲哚丙酸等。

(3)促进嫁接苗伤口愈合　对嫁接伤口特别是芽接伤口涂抹吲哚乙酸可促进愈合。

2. 对营养生长的调节

(1)促进生长　赤霉素和生长素类可促进各种园艺植物的茎蔓和枝梢迅速生长，节间变长。特别是绿叶蔬菜类用赤霉素处理可以加速生长，提高产量。

(2)抑制生长、矮化植株　乙烯利、矮壮素、多效唑等对草本和木本植物都有抑制生长的作用，用脂肪酸、甲基酸等处理苹果、梨树的新梢顶端可起到化学摘心的作用。

3. 对花芽分化的调节

(1)促进花芽分化和开花　乙烯利可促进菠萝、苹果、梨等形成花芽；多效唑能明显地抑制营养生长，从而促进苹果、桃、核桃等的花芽形成，对黄瓜、菜豆、番茄等也有同样的效果；用赤霉素处理蔬菜可促进抽薹开花，替代春化处理；用赤霉素处理山茶花、仙客来、君子兰等都有提前开花的作用。

(2)抑制或延迟花芽形成　促进生长的植物生长调节剂都可促进生长而抑制花芽的形成。如用赤霉素处理可延迟葡萄、核果类的开花，用2,4-D处理能使菊花延迟开花。

(3)调节雌雄花比例　在荔枝上使用多效唑，不但可促进秋梢成花，而且可以促进雌花数量；在瓜类中特别是黄瓜、瓠瓜上应用乙烯利可促进雌花分化，用赤霉素则可促进雄花分化。

4. 对果实生长发育的调控

(1)促进坐果、诱导单性结实　多效唑、矮壮素、萘乙酸、赤霉素等能提高苹果、葡萄、枣、山楂、梨和杏等的坐果率；2,4-D较低浓度时提高番茄坐果率，较高浓度时则疏除果实；赤霉素处理葡萄可获得无籽果实；萘乙酸可促进荔枝、草莓单性结实。

(2)疏花疏果　萘乙酸和萘乙酰胺可用于花后苹果幼果以及梨、桃、柑橘的疏花疏果；乙烯利、赤霉素、整形素也可用于一些果树的疏花疏果上。

(3)防止生理落果、促进果实生长　开花前用4-氯苯氧乙酸或2,4-D处理葡萄果穗可防止生理落果，用萘乙酸处理苹果可以防止采前落果；葡萄上用赤霉素可以增大果穗、果粒，萘乙酸处理菠萝果实显著增重。

(4)促进果实成熟　乙烯是加速果实成熟的有效成分，脱落酸亦有同样的作用。香蕉可用乙烯利溶液浸蘸绿色果实催熟，葡萄的催熟是于采收前4～6 d用乙烯利浸蘸果穗，番茄的催熟是在绿熟期后用乙烯利喷果或蘸果。

5. 对园艺植物采后保鲜的调节

(1)抑制块茎、鳞茎萌发　利用萘乙酸、青鲜素等处理可以显著抑制洋葱、大蒜、马铃薯等在贮藏期间的萌芽。

(2)防止白菜类脱帮　大白菜和甘蓝类蔬菜在采收前3～5 d用2,4-D喷洒植株外叶，可有效地减少贮藏期间的脱帮。

(3)切花保鲜　将花枝基部浸入生长素或水杨酸等溶液中处理数分钟再进行水养，可防止花瓣脱落，延长花期等。

三、材料与用具

(1)材料　植物生长调节剂，园艺植物的种子、幼苗或植株。

(2)用具　喷雾器，量筒、烧杯、试剂瓶、毛笔等。

四、实验内容

1. 园艺植物选择标记

选择园艺植物的种子、块茎、鳞茎、幼苗、植株或产品等，挂牌标记。

2. 植物生长调节剂处理

选择适宜的植物生长调节剂种类，配比适宜的浓度，根据处理目的选择适宜的时期进行处理。

3. 形态观察

根据处理目的，观察处理效果，并记录。

五、结果与分析

(1)植物生长调节剂有哪些主要种类？其主要作用是什么？

(2)每人或每组选 1～3 种园艺植物的种子、幼苗或植株等，设对照区和处理区，用不同的植物生长调节剂进行处理，观察其处理结果，并将实验过程填入表 1。

表 1　植物生长调节剂处理结果统计

园艺植物	调节剂	处理部位	处理浓度	处理时期	处理结果

（侯雷平）

实验三十六　园艺植物产品质量评价

一、实验目的

通过实际操作，了解园艺植物产品质量评价的内容，基本掌握园艺植物产品质量评价的方法。

二、实验原理

园艺植物产品质量是其作为商品的基本属性。质量是商品满足消费者的程度，是区分产品的性质和等级，衡量其商品价值特性的总称。

作为人类食品的园艺植物产品，其质量包括以下 3 个基本要素，即性状、性能和嗜好。性状是指产品的外观和质地，如大小、形状、色泽、硬度、汁液等；性能是指与食用目的有关的特性，如风味、营养价值等；嗜好则是产品质量的特殊因素，因消费者的爱好不同而有差异。

园艺植物产品质量评价包含丰富的内容，既有理化性状检测，又有感官性状鉴定。但质量评价的实际工作中不可能对所有内容一一进行检验，只能遵循快速、准确、简便和经济的基本原则，选取最基本、最有代表性的性状进行评价。

三、材料与用具

(1)材料　苹果、柑橘、番茄、大白菜等园艺植物产品。

(2)用具　卡尺、天平(台秤)、烘箱、榨汁机(器)、果实硬度计、纤维仪、手持测糖仪(折光仪)、pH 计等。

四、实验内容

园艺植物种类、品种不同，产品器官质量评价的内容也不同。各地可根据具体情况选做其中部分内容。

(一)果树产品(果品)质量评价

果品质量评价主要包括5个方面的内容，即外观品质、质地品质、风味品质、营养价值和有毒(害)物质残留。其中营养价值和有毒(害)物质残留分析需要一定的实验条件，可安排在其他课程或实验中独立进行。

1. 外观品质

(1)果实大小　以果实最大横径表示。用卡尺测定。

(2)果实形状　用果形指数表示，即果实纵径与横径的比值，一般同一品种的果实，果形指数越大，商品价值越高。

(3)颜色　是否具有本品种可采收成熟时固有的色泽，一般以果实着色面积表示果实的着色度。

(4)光泽　指果面是否光滑，果面蜡质覆盖是否完好，是否具有光泽等。

(5)果面缺陷　指机械伤、病虫害、日灼、农药等对果面的影响，可用分级法表示果面缺陷的发生率及严重程度，如1级：无症状；2级：症状轻微；3级：症状中等；4级：症状严重；5级：症状很严重。

2. 质地品质

(1)果汁含量　苹果等果实可测定水分含量，含水量高表示果汁含量高。柑橘等果实可直接榨汁测定果汁含量。

(2)纤维和韧性　果品纤维多时食用品质差。可用纤维仪测切割阻力，或用化学方法测定粗纤维素含量。也可通过品尝评价。

(3)果肉硬度　指果实表面去皮后所能承受的压力。用果实硬度计测定，以 kg/cm^2 计量。也可通过品尝评价。

(4)果肉粗细和脆性　主要通过品尝进行评价。

3. 风味品质

(1)甜味　果品的甜味主要与含糖量有关，而糖是最主要的可溶性固形物。因此常用手持测糖仪(折光仪)测定可溶性固形物含量表示。

(2)酸味　果品的酸味主要与含酸量和糖/酸比值有关。可用化学中和滴定法测定可滴定酸含量，也可用pH计测定果汁的pH值。

(3)涩味和苦味　果品的涩味主要由可溶性单宁引起；苦味主要由一些糖苷物质或生物碱引起。通过品尝进行评价。

(4)香味　果实的香味受多种物质影响，如酯类、醇类、醛类、酮类、酚类和萜烯物质等。通过品尝进行评价。

4. 营养价值和有毒(害)物质残留

主要指农药和工业有害物质等对果品的污染或在果品中的残留，对消费者的食用安全和健康影响很大。营养成分和有毒(害)物质种类及含量分析(略)。

(二)蔬菜产品质量评价

蔬菜产品质量包括感观品质、食用品质、营养品质、卫生品质和贮藏加工品质等多方面的内容，要科学合理地对蔬菜产品质量进行评价，需要综合考虑各项品质指标。

1. 叶菜类蔬菜产品质量评价(以大白菜为例)

(1)感观品质　包括鲜重、叶色、叶厚、帮厚、帮硬、包心程度、是否有病虫害和干烧心等。

(2)食用品质　包括脆度、多汁度、甜度、风味及综合 5 项。

(3)营养品质　评价蔬菜营养品质常用的方法有平均营养价值估算法、营养评分分类估算法、综合评价指数法、隶属函数法、综合营养值及营养供给单位法等。其中营养评分分类估算法是目前日本学者在综合评估蔬菜营养品质时采用的方法，即在分析各类蔬菜每 100 g 可食部分中含有胡萝卜素、抗坏血酸、核黄素、钙、铁、钾和纤维素的数量之后，按照各类蔬菜的营养物质含量多少而提出的综合评价标准，逐项对照打分后相加得总分，再根据总分的高低，将蔬菜划分为营养价值非常高、相当高、较高和稍高 4 类。

2. 果菜类蔬菜产品质量评价(以番茄为例)

(1)感观品质　要求果实着色均匀(果肩和近果梗部分同时成熟并呈同一果色)，颜色较深；果面有光泽，光滑无棱褶；果蒂痕小，梗洼木质化部圆小，无纵裂或环裂；果形指数接近 1。番茄果实的大小和颜色根据不同用途和不同地区消费习惯而有不同的标准。

(2)风味品质　良好的风味要有较高的含糖量和较高的糖酸比，合适的糖酸比值为 7～10。

(3)营养品质　番茄果实有较高的营养价值，除糖、酸外，还富含维生素 C、维生素 A 等。

五、结果与分析

(1)在对园艺植物产品单项质量指标分析的基础上，采用以下两种方法，对产品质量进行综合评价。

①产品分级(以苹果果实为例)　在果形、颜色、光泽、果面缺陷等方面符合一定要求的基础上，再按果实大小进行分级，如从 60～85 mm(中果型品种)或从 65～90 mm(大果型品种)每5 mm为一级，共分 5 级，小于 60 mm(或 65 mm)的为级外果。统计各级别果实所占百分比。

附苹果果实分级标准(表 1)供参考。各地也可结合当地生产水平和消费需求自行制定相应标准。

表 1　出口鲜苹果的等级规格(GB 10655—89)

等级	规　格	限度
特级	1. 有本品种果形特征，果柄完整。 2. 具有本品种成熟时应有的色泽，最低着色度元帅系不低于 90%，富士、国光不低于 70%。 3. 大型果实横径不低于 65 mm，中型果实横径不低于 60 mm。 4. 果实成熟，但不过熟。 5. 缺陷与损伤：红色品种轻微碰伤总面积不超过 1.0 cm^2，其中最大面积不超过 0.5 cm^2。黄、绿品种轻微碰伤总面积不超过 0.5 cm^2，不得有其他缺陷和损伤。	总不合格果不超过 5%
一级	1. 有本品种果形特征，带有果柄。 2. 具有本品种成熟时应有的色泽，最低着色度元帅系不低于 70%，富士、国光不低于 50%。 3. 大型果实横径不低于 65 mm，中型果实横径不低于 60 mm。 4. 果实成熟，但不过熟。 5. 缺陷与损伤：轻微碰伤总面积不超过 1.0 cm^2，其中最大面积不超过 0.5 cm^2。轻微枝叶摩伤，其面积不超过 1.0 cm^2。金冠品种的锈斑面积不超过 3 cm^2。水锈和蝇点面积不超过 1.0 cm^2。未破皮雹伤 2 处，总面积不超过 0.5 cm^2。红色品种桃红色的日灼伤面积不超过 1.5 cm^2，黄绿色品种白色灼伤面积不超过 1.0 cm^2。不得有刺伤及其他破皮伤、虫伤、病害、萎缩、冻伤和瘤子。	总不合格果不超过 10%

续表 1

等级	规　格	限度
二级	1. 有本品种果形特征，带有果柄，无畸形。 2. 具有本品种成熟时应有的色泽，最低着色度富士、国光不低于 40%。 3. 大型果实横径不低于 65 mm，中型果实横径不低于 60 mm。 4. 果实成熟，但不过熟。 5. 缺陷与损伤：碰伤总面积、摩伤、锈斑、水锈和蝇点、日灼面积标准同一级。轻微药害面积不超过 1/10，轻微雹伤总面积不超过 1.0 m^2。干枯虫伤 3 处，每处面积不超过 0.03 cm^2。小疵点不超过 5 个。不得有刺伤及其他破皮伤、病害、萎缩、冻伤，食心虫伤和已愈合的其他虫伤面积不大于 0.03 cm^2。	总不合格果不超过 10%

注：本表适用于元帅系、富士和国光苹果。

②产品综合评分(以柑橘果实为例)　按百分制对产品进行评分，评分越高，产品品质越优。

将产品主要外观、内质指标按一定权重比例分解后，对各项指标分别评分，然后计算产品的综合评分。

附柑橘果实评分表(表 2)供参考。各地也可结合当地生产水平和消费需求自行制定相应标准。

表 2　柑橘果实综合评分

样品编号	外观(55 分)				内质(45 分)					总分(100)	评语
	果形	色泽	果皮粗细	整齐度	果皮厚薄	肉质	果汁	风味	种子		
	(10)	(15)	(15)	(15)	(2)	(10)	(10)	(20)	(3)		

注：摘自 1994 年中国农业博览会柑橘类果实品质评定表。

鉴评说明：

a. 果形：指果实形状，主要看本品种固有的外观形状。

参考文献

[1]（日)小林章．果树栽培的生理技术．北京：中国农业出版社，1966.
[2] 山东农业大学．蔬菜栽培学总论．北京：中国农业出版社，2000.
[3] 山崎肯哉．营养液栽培大全．刘步洲等译．北京：北京农业大学出版社，1989.
[4] 王华芳．花卉无土栽培．北京：金盾出版社，1997.
[5] 王克武．蔬菜水肥一体化节水技术研究与应用．北京：中国农业出版社，2010.
[6] 王建书，卢彦琪．花卉设施栽培．北京：中国社会出版社，2009.
[7] 韦三立．切花栽培．北京：中国农业出版社，1999.
[8] 中国农业科学院蔬菜花卉研究所．中国蔬菜栽培学．北京：中国农业出版社，2010.
[9] 古在豊樹等．新施設園芸學．東京：朝倉書店，1992.
[10] 古在豊樹．施設園芸の環境調控新技術．日本施設園芸協會，1985.
[11] 北京农业大学．蔬菜栽培学・保护地栽培．2 版．北京：农业出版社，1989.
[12] 北京农业大学．蔬菜栽培学・保护地栽培．北京：农业出版社，1980.
[13] 包满珠．花卉学．北京：中国农业出版社，2003.
[14] 邢禹贤．无土栽培原理与技术．北京：农业出版社，1990.
[15] 仲正林．花卉栽培技术．北京：中国农业科技出版社，1998.
[16] 刘步洲，等．中国设施园艺——发展中的农业工程．北京：知识出版社，1991.
[17] 刘增鑫．常见蔬菜无土栽培实用技术．北京：中国农业出版社，1997.
[18] 安志信，张福墁，等．蔬菜节能日光温室的建造及栽培技术．天津：天津科学技术出版社，1994.
[19] 安志信，等．蔬菜的大棚建造和栽培技术．天津：天津科学技术出版社，1989.
[20] 李天来，等．日光温室和大棚蔬菜栽培．北京：中国农业出版社，1997.
[21] 李式军．设施园艺学．北京：中国农业出版社，2002.

b. 色泽：指果实颜色和光泽，包括果实着色程度(着色面和深浅)、光泽程度以及其他杂色等。

c. 果皮粗细：指果面状态，包括油胞粗细，病虫、机械性损伤等。

d. 整齐度：指果实个体之间的形状、大小、着色的程度是否一致。按等级给分，一级果整齐 15 分，二级果整齐 10 分，三级果整齐 5 分。不整齐，在各级基础分上酌减。

e. 果皮厚薄：厚薄适中，商品性好的满分，厚者或过薄者酌情扣分。

f. 肉质：包括果肉色泽和质地，指细嫩、脆软和化渣程度。

g. 果汁：指果汁的多少。按多、中、少给分，每级差 2 分。

h. 种子：无核品种，无核满分，1 粒减 2 分，2 粒以上不给分。有核品种，5 粒 3 分，每少 1 粒加 0.5 分；每增 1 粒减 0.5 分，减完为止；无核加 3 分。

i. 风味：包括酸甜度、浓淡、香味及苦、麻、异味等。

j. 评语：要求用简练的文字描述该品种的突出特点。

(2)选择大白菜、番茄的不同类型或品种，进行产品质量综合评价，并在实际应用中提出改进措施。

(李国怀　韩莹琰)

[22] 李光晨. 园艺通论. 北京：中国农业大学出版社，2000.
[23] 李枝林. 鲜切花栽培学. 北京：中国农业出版社，2010.
[24] 李绍华，等. 果树栽培概论. 北京：高等教育出版社，1999.
[25] 李俊良，等. 蔬菜灌溉施肥新技术. 北京：化学工业出版社，2008.
[26] 李曙轩，等. 中国农业百科全书：蔬菜卷. 北京：中国农业出版社，1990.
[27] 束怀瑞，等. 果树栽培理论与实践. 北京：中国农业出版社，2009.
[28] 连兆煌. 无土栽培原理与技术. 北京：中国农业出版社，1994.
[29] 吴志行. 蔬菜优质快速育苗. 南京：江苏科学技术出版社，1997.
[30] 吴应祥. 菊花. 北京：金盾出版社，1991.
[31] 吴国兴. 保护地蔬菜生产实用大全. 北京：农业出版社，1992.
[32] 别之龙，黄丹枫. 工厂化育苗原理与技术. 北京：中国农业出版社，2008.
[33] 邹志荣. 园艺设施学. 北京：中国农业出版社，2002.
[34] 宋元林，何启伟，谭惠荣. 现代蔬菜育苗. 北京：中国农业科技出版社，1998.
[35] 宋元林，柴木祥，等. 蔬菜保护地栽培技术大全. 北京：中国农业出版社，1996.
[36] 张义勇. 果树栽培技术：北方本. 北京：北京大学出版社，2007.
[37] 张凤兰，张晨，赵跃红. 蔬菜嫁接育苗图解. 北京：金盾出版社，2010.
[38] 张振贤，程智慧. 高级蔬菜生理学. 北京：中国农业大学出版社，2008.
[39] 张振贤. 蔬菜栽培学. 北京：中国农业大学出版社，2003.
[40] 张真和，李建伟. 我国棚室覆盖材料的应用和发展. 中国农用塑料技术，1997：35-41.
[41] 张真和. 我国设施蔬菜发展中的问题与对策. 中国蔬菜，2009(1)：1-3.
[42] 张福墁，等. 面向二十一世纪的中国设施园艺工程. 农业工程学报，1995，11(增刊)：109-114.
[43] 陈勇兵，王克磊. 蔬菜育苗实用技术. 杭州：浙江工商大学出版社，2010.
[44] 范双喜，李光晨. 园艺植物栽培学. 北京：中国农业大学出版社，2007.
[45] 范双喜，张玉星. 园艺植物栽培学实验指导. 北京：中国农业大学出版社，2002.
[46] 林伯年，蒋有条. 蔬菜采种和育苗技术. 上海：上海科学技术出版社，1993.
[47] 郁樊敏. 现代保护地蔬菜栽培实用技术. 上海：上海科学技术出版社，1998.

[48] 尚庆茂，王志斌．蔬菜集约化高效育苗技术．北京：中国物资出版社，2010.
[49] 周余华，刘国华．花卉栽培．北京：化学工业出版社，2011.
[50] 郑光华，等．蔬菜花卉无土栽培技术．上海：上海科学技术出版社，1990.
[51] 宛成刚．花卉学．2版．上海：上海交通大学出版社，2011.
[52] 孟新法等．果树设施栽培学．北京：中国林业出版社，1996.
[53] 高丽红．蔬菜设施育苗技术问答．北京：中国农业大学出版社，1998.
[54] 高俊平，姜伟贤．中国花卉科技20年．北京：科学技术出版社，2000.
[55] 郭世荣．无土栽培学．北京：中国农业出版社，2003.
[56] 黄勇，李富成，郭善利．名贵花卉的繁育与栽培技术．济南：山东科学技术出版社，1998.
[57] 黄智章．花卉的花期调节．北京：中国林业出版社，1990.
[58] 梁立峰．果树栽培学实验实习指导：南方本．北京：中国农业出版社，1996.
[59] 葛晓光．新编蔬菜育苗大全．北京：中国农业出版社，2004.
[60] 蒋卫杰，等．蔬菜无土栽培新技术．北京：金盾出版社，1998.
[61] 韩振海，陈昆松．实验园艺学．北京：高等教育出版社，2006.
[62] 程智慧．园艺概论．北京：科学出版社，2009.
[63] 程智慧．蔬菜栽培学总论．北京：科学出版社，2010.
[64] 李绍华，等．果树栽培概论．北京：高等教育出版社，1999.
[65] 陈勇兵，王克磊．蔬菜育苗实用技术．杭州：浙江工商大学出版社，2010.